电力营销一线员工作业一本通

装表接电（第二版）

本书编委会　编

中国电力出版社
CHINA ELECTRIC POWER PRESS

内 容 提 要

本书为“电力营销一线员工作业一本通”丛书之《装表接电》分册，着重围绕服务规范、作业规范、工艺规范、现场检验、常见故障、应急处理等六个方面，对装表接电岗位的安全作业、准确计量、服务礼仪进行了规范和演示，具备很强的实用性。

本书可供电力营销基层管理者和一线员工培训和自学使用。

图书在版编目（CIP）数据

装表接电 / 《装表接电》编委会编．—2版．—北京：中国电力出版社，2016.9（2022.11重印）

（电力营销一线员工作业一本通）

ISBN 978-7-5123-8031-8

Ⅰ.①装…　Ⅱ.①装…　Ⅲ.①电工－安装　Ⅳ.①TM05

中国版本图书馆CIP数据核字(2015)第156204号

中国电力出版社出版、发行

(北京市东城区北京站西街19号　100005　http://www.cepp.sgcc.com.cn)

北京九天鸿程印刷有限责任公司印刷

各地新华书店经售

*

2013年4月第一版

2016年9月第二版　2022年11月北京第十三次印刷

787毫米×1092毫米　32开本　9.25印张　194千字

定价55.00元（含1光盘）

编　写　组

组　长　张　燕

副组长　孙志能　裘华东

成　员　虞　昉　李　熊　郑国和　钟良亮　杨光盛　潘杰锋　韩小燕　黄江滕
宣玉华　吕　滨　杨　勇　梁　伟　陈自龙　张齐欢　裘劲昂　许耀杰
徐东平　崔　幼　钟慈祥　丁国锋　楼　峰　王伟峰　郏正济　谢　烽
唐绍轩

丛书序

国网浙江省电力公司正在国家电网公司领导下，以“两个率先”的精神全面建设“一强三优”现代公司。建设一支技术技能精湛、操作标准规范、服务理念先进的一线技能人员队伍是实现“两个一流”的必然要求和有力支撑。

2013年，国网浙江省电力公司组织编写了“电力营销一线员工作业一本通”丛书，受到了省公司及兄弟单位营销岗位员工的一致好评，并形成了一定的品牌效应。2016年，国网浙江省电力公司将“一本通”拓展到电网运检、调控业务，形成了“电网企业一线员工作业一本通”丛书。

“电网企业一线员工作业一本通”丛书的编写，是为了将管理制度与技术规范落地，把标准规范整合、翻译成一线员工看得懂、记得住、可执行的操作手册，以不断提高员工操作技能和供电服务水平。丛书主要体现了以下特点：

一是内容涵盖全，业务流程清晰。其内容涵盖了营销稽查、变电站智能巡检机器人现场运维、特高压直流保护与控制运维等近30项生产一线主要专项业务或操作，对作业准备、现场作业、应急处理等事项进行了翔实描述，工作要点明确、步骤清晰、流程规范。

二是标准规范，注重实效。书中内容均符合国家、行业或国家电网公司颁布的标准规范，结合生产实际，体现最新操作要求、操作规范和操作工艺。一线员工均可以从中获得启发，举一反三，不断提升操作规范性和安全性。

三是图文并茂，生动易学。丛书内容全部通过现场操作实景照片、简明漫画、操作流程图及简要文字说明等一线员工喜闻乐见的方式展现，使“一本通”真正成为大家的口袋书、工具书。

最后，向“电网企业一线员工作业一本通”丛书的出版表示诚挚的祝贺，向付出辛勤劳动的编写人员表示衷心的感谢！

国网浙江省电力公司总经理　肖世杰

前　言

为全面践行国家电网公司“四个服务”的企业宗旨，进一步强化电力营销基层班组的基础管理，提高电力营销基层员工的基本功，持续提升供电服务水平，一批来自电力营销的基层管理者和业务技术能手，本着“规范、统一、实效”的原则，编写了“电力营销一线员工作业一本通”丛书。

本丛书编写组结合电力营销专业各岗位的特点，遵循电力营销有关法律、法规、规章、制度、标准、规程等，紧扣营销实际工作，从岗位的服务规范、作业规范、应急处理、日常运营、故障分析处理等出发，编写了本丛书，并开展了审核、统稿、专家评审等工作。

在编写过程中，编写组还通过一边编写一边实训的方式，带动和培养了一批优秀的技能人才。同时，不断提炼完善，自编、自导、自演了配套的视频教材，使得该套丛书具有图文并茂、通俗易懂、方便自学等特点，得以在基层员工中落地开花。

本书为“电力营销一线员工作业一本通”丛书之《装表接电》分册，着重围绕服务规范、作业规范、工艺规范、现场检验、常见故障、应急处理等六个方面，对装表接电岗位安全作业、准确计量、服务礼仪进行了规范和演示，具备很强的实用性。

本书的编写得到了陈佩琼、杨恩立、吴军、南君钧、陈海强、金家红等专家的大力支持，在此谨向参与本书编写、研讨、审稿、业务指导的各位领导、专家和有关单位致以诚挚的感谢！

由于编者水平有限，疏漏之处在所难免，恳请各位领导、专家和读者提出宝贵意见。

本书编写组

2016年6月

目 录

Part 2 作业规范篇 >>

Part 3 工艺规范篇 >>

Part 4 现场检验篇 >>

Part 5 常见故障篇 >>

Part 6 应急处理篇 >>

Part 1

服务规范篇 >>

服务规范篇以装表接电人员日常工作服务礼仪为主要内容，旨在规范装表接电人员服务行为，提高服务质量。

本篇分为服务基本准则、服务礼貌用语、仪容仪表规范、典型场景礼仪示例、典型场景应答五大部分，对日常服务中的电话接打、停电告知、车辆行驶与停放、客户告知与签字、握手等行为进行规范与说明。对装表接电人员在工作中遇到频次较高的6个典型问题进行规范应答，为装表接电人员日常工作服务规范提供参考依据。

一 服务基本准则：“三要”和“三不要”

“三要”

◎ 仪容仪表要整洁

◎ 对待客户要热情

◎ 服务客户要用心

“三不要”

◎ 不要忽视客户意见

◎ 不要与客户发生争执

◎ 不要损坏公司形象

二 服务礼貌用语十二条

使用文明礼貌用语，语音清晰，语速平和，语意明确，提倡讲普通话，尽量少用生僻的电力专业术语。

1. 您好
2. 请 / 请问
3. ×先生 / 女士
4. 麻烦您
5. 打扰了
6. 请稍等 / 稍候

7. 抱歉
8. 对不起
9. 不客气 / 没关系
10. 非常感谢 / 谢谢
11. 好的
12. 再见 / 再会

三 仪容仪表规范

（一）着装规范

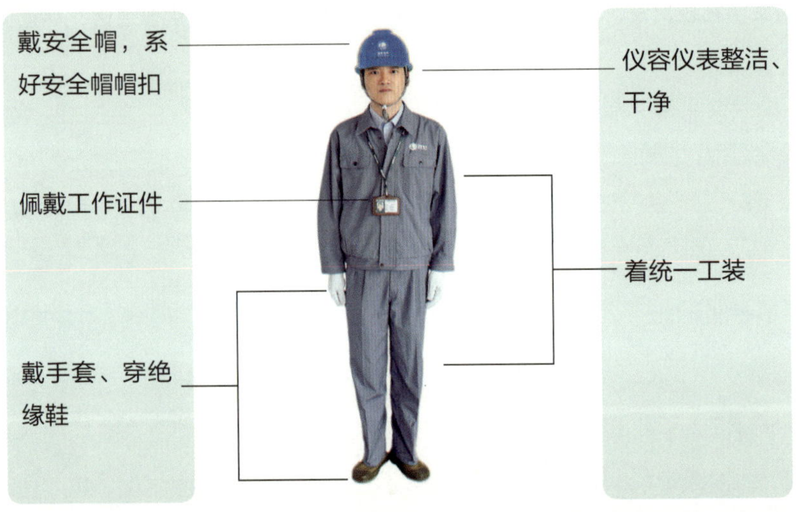

装接人员现场工作必须穿工作服、绝缘鞋，戴安全帽，佩戴工作证件。保持着装整洁。

（二）精神状态

要　求

√ 作业人员精神饱满、状态良好；
√ 作业人员未饮酒；
√ 作业人员无社会干扰及思想负担。

四 典型场景礼仪示例

（一）电话呼叫

流　程

致电客户 → 自我介绍 → 说明原因 → 预约时间 → 通话结束 → 记录

要　点

√ 使用文明礼貌用语，通常情况下应讲普通话；

√ 语速适中、语意明确、语气柔和；

√ 准确告知作业内容，预约作业时间，确认客户能否到场等事项；

√ 客户挂机后再挂断电话；

√ 联系客户最好是在工作时间以内；

√ 做好通话记录。

话术示例一　电能表新装预约客户

话术示例二　非现场申校二次预约客户

“您好，我是××供电公司装表接电人员×××，您之前申请非现场校表，上次联系您没有时间，不知道近期什么时候方便，我们上门给您换表。”

客户表示有时间到场：“好的，我们到了现场会及时给您电话，谢谢，再见！”

客户表示没有时间到场：“好的，如果您不方便可以委托他人到现场检查确认。”

……

“谢谢，再见！”

（二）电话接听

流　程

客户来电 → 礼貌接听 → 明确原因 → 要点重复 → 通话结束 → 记录

要　点

√ 电话铃响三声内接听；

√ 使用文明礼貌用语，通常情况下应讲普通话；

√ 语速适中、语意明确、语气柔和；

√ 明确客户需求，重点内容重复确认；

√ 客户挂机后再挂断电话；

√ 做好通话记录。

（三）停电告知

装表接电作业影响用户正常用电的，应提前三天张贴停电告知单。

张贴范围：小区门口、村委会，小区公告栏，楼道口。

小区门口、村委会

小区公告栏

楼道口

（四）进厂入区

车辆到达客户单位或小区门卫处，向门卫告知来意，并出示工作证件，经对方同意后进入。如客户要求登记，应积极配合。

（五）车辆停放

要　点

√ 进入客户单位或居民小区内不得鸣喇叭，按照客户要求规范停车。

√ 临时停车不要阻挡交通，注意安全。

（六）敲门入户

按门铃要求：轻按门铃，若无应答，等待10秒再按，一般不宜超过3次。

敲门要求：轻敲3下，若无应答，间隔3~5秒后再敲，不宜超过3次。力度适中，严禁砸门或踢门。客户询问时应表明身份及来意。

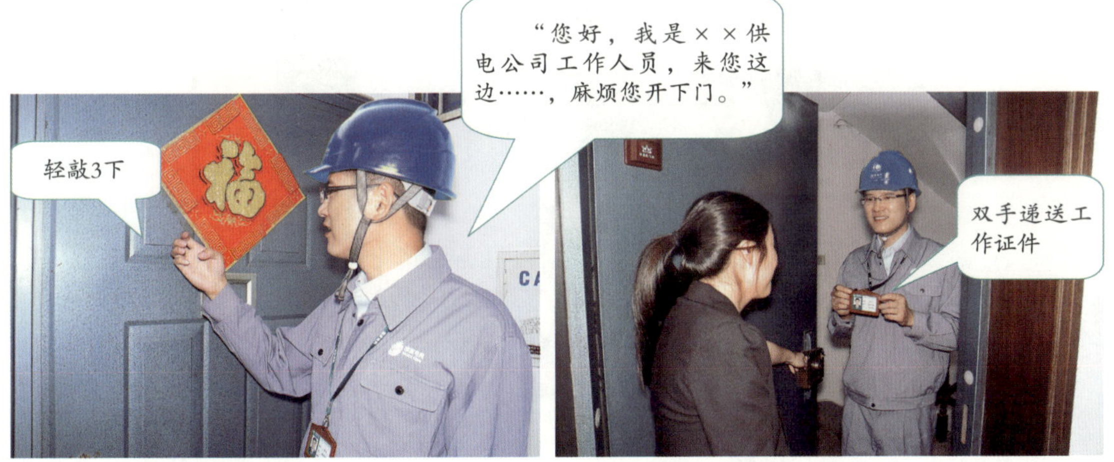

（七）准备作业

作业人员在客户引导下进入作业区，到作业区不得操作客户设备。

（八）旧电能表止度核对

准确记录待拆电能表的止度。

请客户亲自核对电能表读数与单据记录是否一致。

要 点

√ 五指并拢指引电能表示数和装接单止度记录处。

（九）新电能表起度核对

新装电能表需让客户核对起度。

客户确认后方可进行安装。

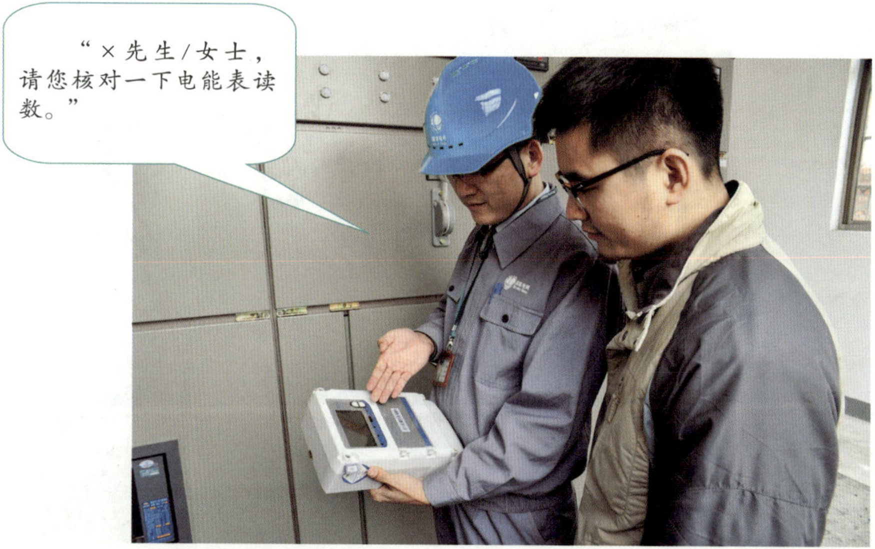

（十）场地清理

作业结束后，及时清理现场工作残留物和污迹；

将客户原有设施恢复原状。

（十一）作业后恢复用电

作业结束，告知客户可以正常用电。

主动向客户交代注意事项。

电话告知

（十二）居民用户调表后告知

填写通知单并张贴。

现场打电话给客户告知作业已经结束，清楚告知客户电能表局号、起始度、电能表在表箱的位置；通话结束后做好记录。

“您好，我是××供电公司装表人员×××，您的电能表已经装（换）好了，拆下的电能表止度是×××，我们在表箱上贴有一张告知单，请您抽空查验，若有疑问，请在×个工作日内联系告知单上的电话。谢谢，再见！”

电话告知

（十三）客户签字确认

作业结束，请客户核对后在装接单上签字。

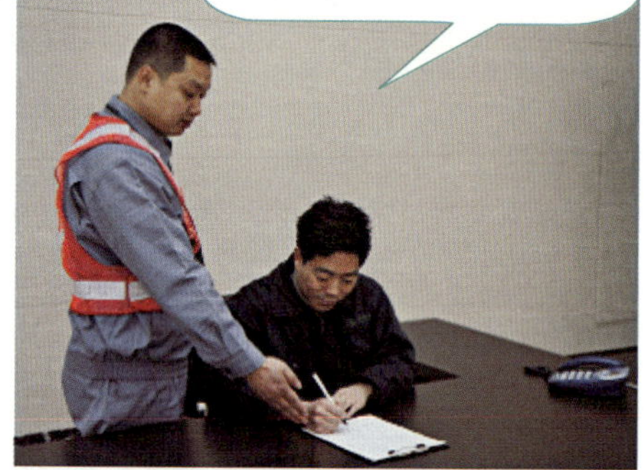

要 点

√ 与客户交谈时要使用礼貌用语，不得随意打断客户讲话；
√ 递送单据时应文字正面朝向客户，双手递送；
√ 递笔时，笔尖不得朝向客户；
√ 五指并拢指向签字处；
√ 票面清洁、整齐，无折皱。

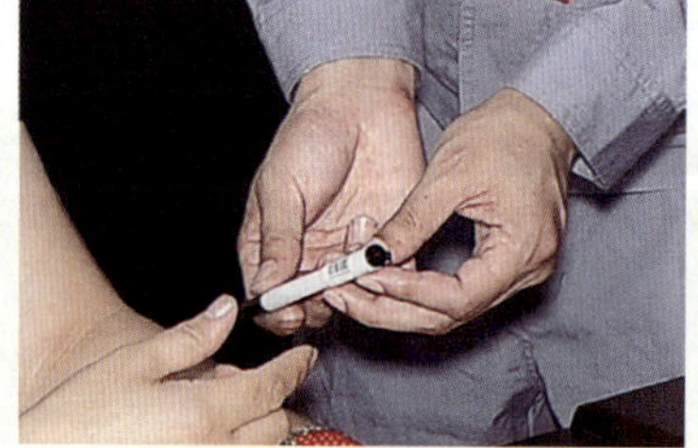

（十四）告别客户

主动征求客户意见；

礼貌告别客户。

要　点

√ 握手时双目注视对方，面带微笑，态度亲切诚恳；

√ 适度紧握客户右手；

√ 不得戴手套与客户握手。

（十五）办理出厂手续

要　点

交还登记单、取回暂押的相关证件，礼貌告别。

五 典型场景应答

（一）居民生活用电峰谷时段是怎么区分的？

问

居民生活用电峰谷时段是怎么区分的？

答

居民峰谷用电是将一天24小时划分为两个时段分别计价，其中××：00~××：00共××小时称为高峰时段，××：00~次日××：00共××小时称为低谷时段，实行峰谷电价。

（二）好好的电能表为什么要换？

好好的电能表为什么要换？

1. 电能表有一定的使用年限，按照国家有关规定，到期就需要更换。

2. 使用中的电能表因为抽检需要，所以要拆回检测。

3. 智能电网建设，需要对不满足信息存储和采集要求的电能表进行更换。

（三）智能电能表如何查看电量?

智能电能表如何查看电量?

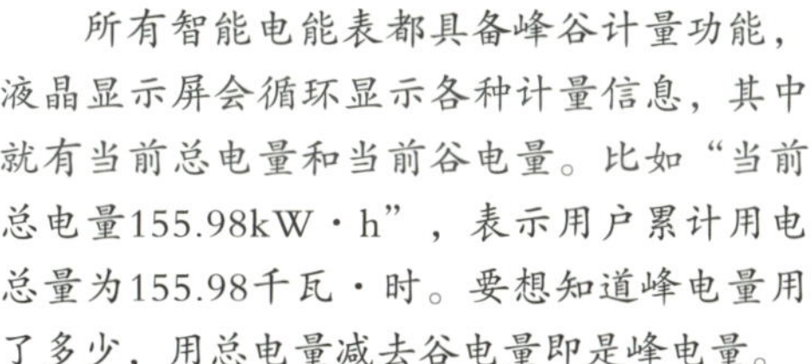

所有智能电能表都具备峰谷计量功能，液晶显示屏会循环显示各种计量信息，其中就有当前总电量和当前谷电量。比如“当前总电量155.98kW·h”，表示用户累计用电总量为155.98千瓦·时。要想知道峰电量用了多少，用总电量减去谷电量即是峰电量。

（四）这个月没怎么用电，电费怎么这么多？

问

这个月没怎么用电，电费怎么这么多？

答

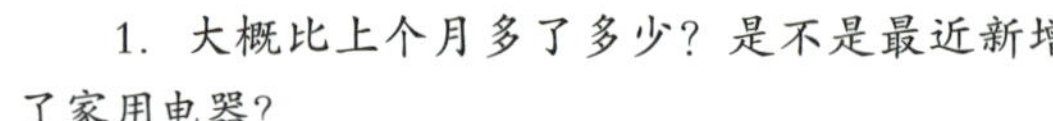

1．大概比上个月多了多少？是不是最近新增了家用电器？

2．是不是家里有电器（如电热水器、取暖器等）忘记关了？

3．这样吧，您再观察一段时间，如用电量确实存在较大差异，请及时联系我们，我们会上门处理。

（五）智能电能表的几个指示灯是什么意思?

问

智能电能表的几个指示灯都是什么意思?

答

智能电能表正面从左到右排列有三个指示灯，分别为：

1. 红色脉冲指示灯，用户用电时红色闪烁，用电量越大闪烁越快；不用电时指示灯不闪。

2. 黄色跳闸指示灯，表里面有个开关，跳闸时亮，一般处于灯灭的状态。

3. 红色报警指示灯，出现用电异常或计量故障时，报警灯会亮，液晶屏上会显示异常代码，有时会伴随蜂鸣声，异常消除后灯会灭掉。

另外，红外通信指示灯，置于小窗口内，红外抄表时灯亮，一般处于灯灭的状态。

（六）电能采集系统会不会产生电费，天线辐射会不会对人身有影响？

问

电能采集系统会不会产生电费，天线辐射会不会对人身有影响？

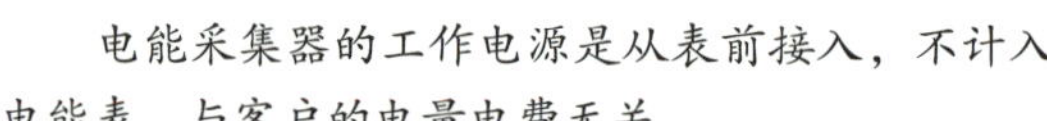

电能采集器的工作电源是从表前接入，不计入电能表，与客户的电量电费无关。

采集器只是经过GPRS接收数据，它的辐射量与手机差不多，而且装在室外，远离人群，不会对人体的健康造成影响。

Part 2

作业规范篇 >>

作业规范篇以计量装置新装、更换作业为主要内容，通过对装表接电人员日常作业内容与流程的指导，为装表接电现场规范作业提供参考依据。

本篇按照计量装置安装步骤，分为前期查勘、作业前准备、现场作业与作业结束四大部分。前期准备包括相关系统流程操作、工器具及材料准备、相关工作票填写与使用；现场作业包括经互感器接入式计量装置新装、经互感器接入式计量装置更换、直接接入式计量装置新装、直接接入式计量装置更换四个部分。本篇以现场作业流程为主线，从作业前安全措施确认、新装和更换计量装置过程到现场作业结束收尾，详细阐述了计量装置安装步骤和各个环节安全注意事项等内容。

 前期查勘

工作内容

√ 安装前，应联系客户进行安装现场实地查勘，并确定电能计量装置安装时间。

√ 检查计量装置是否符合相关要求。

√ 检查现场无线通信信号是否良好。

二 作业前准备

（一）配表

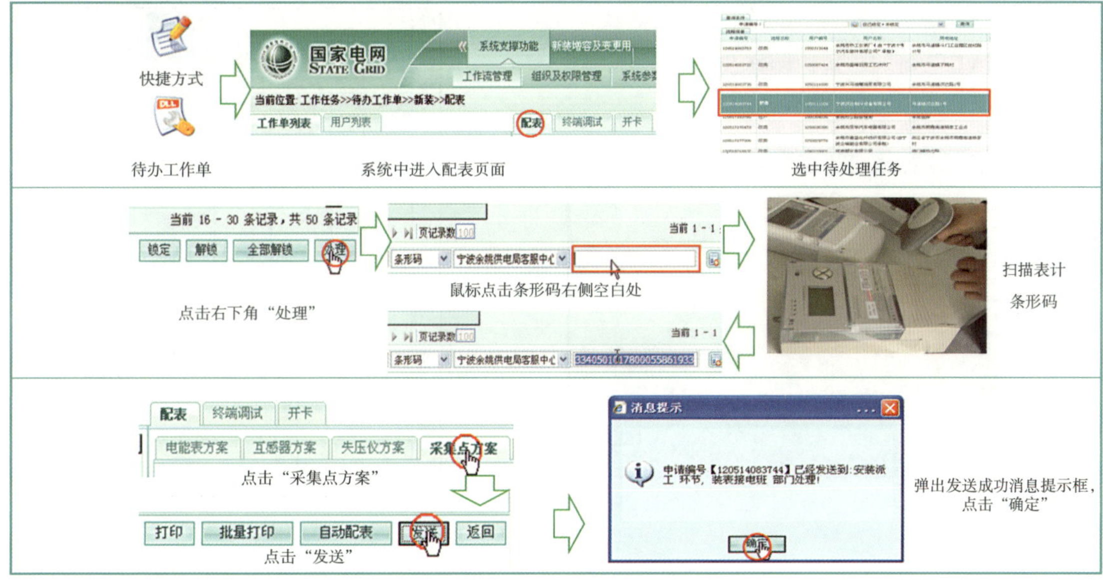
快捷方式
待办工作单
系统中进入配表页面
选中待处理任务
点击右下角“处理”
鼠标点击条形码右侧空白处
扫描表计
条形码
点击“采集点方案”
点击“发送”
弹出发送成功消息提示框，
点击“确定”

（二）打印装接单

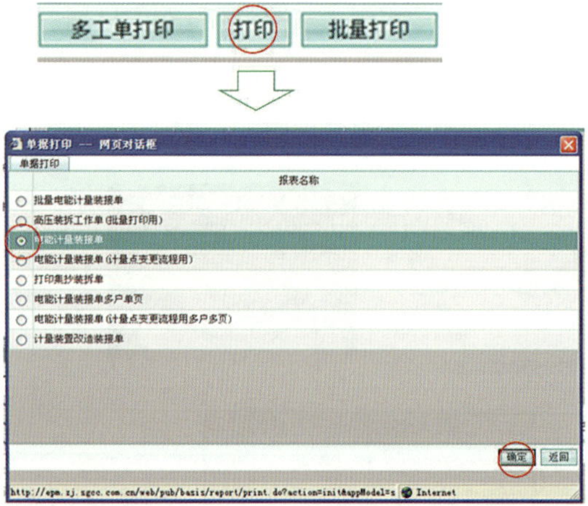

多工单打印　打印　批量打印

单据打印 --- 网页对话框

单据打印

报表名称

- 批量电能计量装接单
- 高压装拆工作单（批量打印用）
- 电能计量装接单
- 电能计量装接单（计量点变更流程用）
- 打印集抄装拆单
- 电能计量装接单多户单页
- 电能计量装接单（计量点变更流程用多户多页）
- 计量装置改造装接单

确定　返回

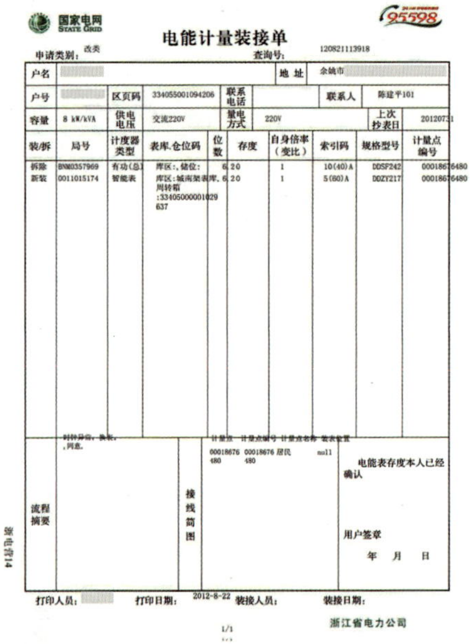

http://epm.zj.sgcc.com.cn/web/pub/basis/report/print.do?action=init&appModel=s　Internet

国家电网 STATE GRID　95598

电能计量装接单

申请类别：改类　　查询号：120821113918

户名				地　址	余姚市				
户号		区页码	334055001094206	联系电话		联系人	陈建平101		
容量	8 kW/kVA	供电电压	交流220V	量电方式	220V		上次抄表日	20120731	
装/拆	局号	计度器类型	表库.仓位码	位数	存度	自身倍率（变比）	索引码	规格型号	计量点编号
拆除	BNM0357969	有功(总)	库区:,储位:	6	20	1	10(40)A	DDSF242	00018676480
新装	0011015174	智能表	库区:城南架表库,周转箱:33405000001029637	6	20	1	5(60)A	DDZY217	00018676480

流程摘要	时钟异常，换表，同意。	接线简图	计量点　计量点编号　计量点名称　装表位置 00018676480　00018676480　居民　null	电能表存度本人已经确认 用户签章 年　月　日

浙电营14

打印人员：　　打印日期：2012-8-22　　装接人员：　　装接日期：

浙江省电力公司

1/1

（三）安装派工

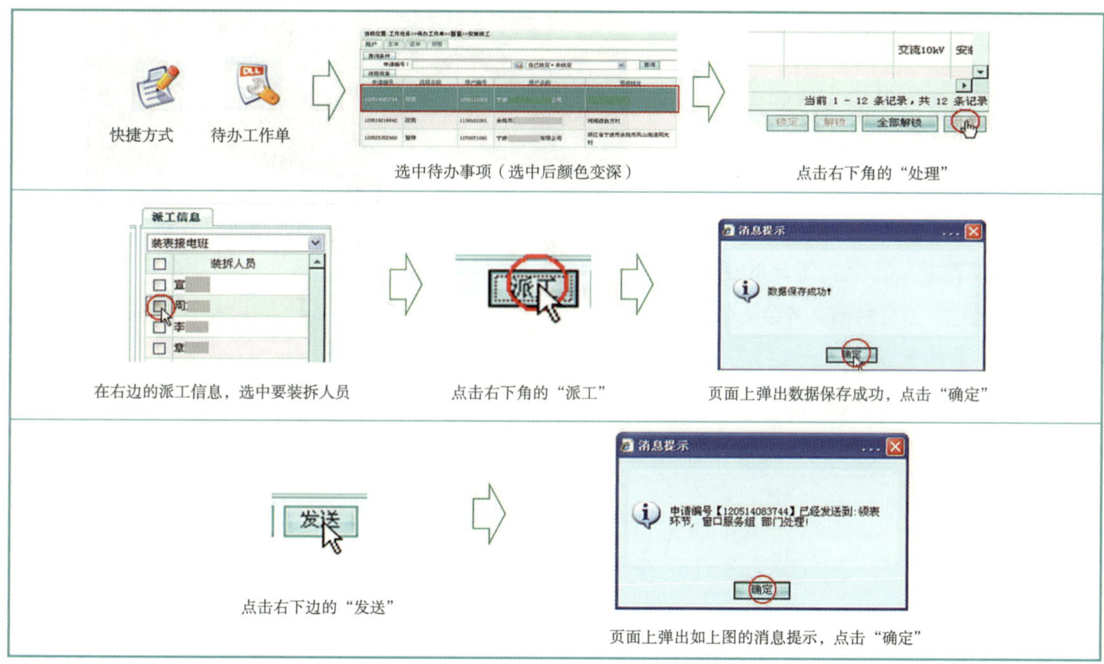

选中待办事项（选中后颜色变深）

点击右下角的“处理”

在右边的派工信息，选中要装拆人员

点击右下角的“派工”

页面上弹出数据保存成功，点击“确定”

点击右下边的“发送”

页面上弹出如上图的消息提示，点击“确定”

派工要求

√ 工作人员应身体健康、精神状态良好。

√ 作业人员应具备相应资格和技能要求。

√ 作业人员个人工具和劳动防护用品应合格、齐全。

√ 工作至少两人一组，并指定工作负责人。

（四）开具工作票

工作票签发流程

1）工作票签发人或工作负责人依据工作任务填写并打印相应的工作票。

2）办理工作票签发手续。

注意事项

√ 办理工作票签发手续时，在客户电气设备上工作应由供电公司与客户方进行双签发，供电方安全负责人对工作的必要性和安全性、工作票上安全措施的正确性、所安排工作负责人和工作人员是否合适等内容负责。客户方工作票签发人对工作的必要性和安全性、工作票上安全措施的正确性等内容审核确认。

√ 同一张工作票，工作票签发人、工作负责人、工作许可人三者不得相互兼任。

1. 变电站（发电厂）第一种工作票

适用范围

√ 需停电的35千伏及以上高压客户增（减）容受电工程中间检查、竣工检验、高压互感器现场停电校验等工作。

√ 需停电的 35千伏及以上变电站内10（20）千伏及以下的配电设施工作。

已执行 盖 不执行 章 作废

变电站（发电厂）第一种工作票（样票）

合格 盖 章 不合格

单位：________ 变电站：________ 编号：________

1. 工作负责人（监护人）：________ 班组：________

2. 工作班人员(不包括工作负责人)：________________________________共____人。

3. 工作内容和工作地点：________________________________

4. 简图：（详见附页）

5. 计划工作时间：自____年__月__日__时__分至____年__月__日__时__分

6. 安全措施：

（下列除注明的，均由工作票签发人填写，地线编号由许可人填写，工作许可人和工作负责人共同确认后，已执行栏"√"）

序号	应拉断路器（开关）和隔离开关（闸刀）（注明设备双重名称）	已执行
1		
2		
3		

序号	应装接地线或合接地闸刀（注明地点、名称和地线编号）	已执行
1		
2		
3		

序号	应设遮栏和应挂标示牌及防止二次回路误碰等措施	已执行
1		
2		
3		

序号	工作地点保留带电部分和注意事项（签发人填写）	补充工作地点保留带电部分和安全措施（许可人填写）
1		
2		
3		

7. 工作票签发人签名：____________，____年__月__日__时__分

8. 收到工作票时间：____年__月__日__时__分

运行值班人员签名：____________

9. 确认本工作票1至7项

工作负责人签名：____________ 工作许可人签名：____________

许可开始工作时间：____年__月__日__时__分

10. 确认工作负责人布置的工作任务和安全措施，工作班人员签名：

____

____

11. 工作负责人变动情况：原工作负责人__________离去，变更 ___________为工作负责人。

工作票签发人：________________________________，______年____月____日____时____分

工作许可人签名：______________________

12. 工作人员变动情况（变动人员姓名、日期及时间）：

____

____

工作负责人签名______________________

13. 工作票延期：有效期延长到______年______月_____日_____时_____分。

工作负责人签名：______________________

工作许可人签名：______________________，______年_____月_____日_____时_____分

14. 每日开工和收工记录（使用一天的工作票不必填写）：

<table>
<tr><th colspan="4">收工时间</th><th rowspan="2">工作负责人</th><th rowspan="2">工作许可人</th><th colspan="4">开工时间</th><th rowspan="2">工作许可人</th><th rowspan="2">工作负责人</th></tr>
<tr><th>月</th><th>日</th><th>时</th><th>分</th><th>月</th><th>日</th><th>时</th><th>分</th></tr>
<tr><td></td><td></td><td></td><td></td><td></td><td></td><td></td><td></td><td></td><td></td><td></td><td></td></tr>
<tr><td></td><td></td><td></td><td></td><td></td><td></td><td></td><td></td><td></td><td></td><td></td><td></td></tr>
<tr><td></td><td></td><td></td><td></td><td></td><td></td><td></td><td></td><td></td><td></td><td></td><td></td></tr>
</table>

15. 工作终结：全部工作于_____年____月____日____时_____分结束。设备及安全措施已恢复至开工前状态，工作人员已全部撤离，材料工具已清理完毕，工作已终结。

工作负责人签名：__________________　　工作许可人签名：____________________

16. 工作票终结：临时遮栏、标示牌已拆除，常设遮栏已恢复。

接地线编号：__________等共____组、接地闸刀(小车)共_______(台)已拆除或拉开。

保留接地线编号：_______等共____组、接地闸刀(小车)共_____副(台)未拆除或未拉开。

已汇报调度员_______值班，负责人签名：_______，______年____月____日____时___分

17. 备注：

（1） 指定专责监护人_________负责监护______________________________

____（地点及具体工作）

（2） 其他事项：（可附页）

____

____

附页：简图（样例）

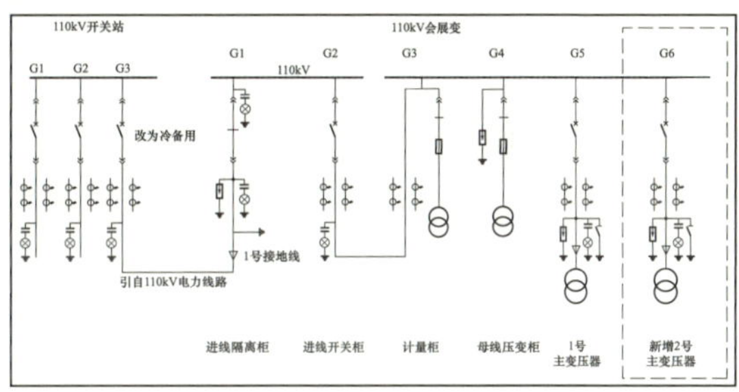

2. 变电站（发电厂）第二种工作票

盖 已执行 / 不执行 / 作废 章

变电站（发电厂）第二种工作票（样票）

盖 合格 / 不合格 章

单位：________ 变电站：________ 编号：________

1. 工作负责人（监护人）：________ 班组：________

2. 工作班人员(不包括工作负责人)：________

________共____人。

3. 工作内容和工作地点：________

____

4. 计划工作时间：自____年__月__日__时__分至____年__月__日__时__分

5. 工作条件(停电或不停电，或临近带电及保留带电设备名称：________

____

6. 注意事项（安全措施）：

序号	注意事项（安全措施）
1	
2	
3	

工作票签发人签名：________，____年__月__日__时__分

7. 补充安全措施（工作许可人填写）：

序号	补充安全措施
1	
2	
3	

8. 确认本工作票1至7项

许可开始工作时间：____年__月__日__时__分

工作负责人签名：________ 工作许可人签名：________

9. 确认工作负责人布置的工作任务和安全措施。

工作班人员签名：________

____

10. 工作负责人变动情况：原工作负责人________离去，变更________为工作负责人。

工作票签发人：________，____年__月__日__时__分

11. 工作人员变动情况（添加人员姓名、变动日期及时间）：

____

____

工作负责人签名________

12. 工作票延期：有效期延长到____年__月__日__时__分。

工作负责人签名：________

工作许可人签名：________，____年__月__日__时__分

13. 每日开工和收工记录（使用一天的工作票不必填写）：

收工时间				工作负责人	工作许可人	开工时间				工作许可人	工作负责人
月	日	时	分			月	日	时	分		

14. 工作终结：全部工作于____年__月__日__时__分结束，设备及安全措施已恢复至开工前状态，工作人员已全部撤离，材料工具已清理完毕，工作已终结。

工作负责人签名：________ 工作许可人签名：________

15. 备注：

（1）指定专责监护人________负责监护________

________（人员、地点及具体工作）

（2）其他事项：（可附页）

____

____

适用范围

√ 不需停电的35千伏及以上变电站、开关站、高供高计客户内开展电能表（负控装置）装拆、电能表校验、电压互感器二次压降测量、二次负荷测量等单项作业；

√ 不需停电的35千伏及以上变电站内10（20）千伏及以下的配电设施工作。

3. 配电第一种工作票

适用范围

需停电的10（20）千伏高压客户增（减）容受电工程中间检查、竣工检验、高压互感器现场停电校验等工作、低压供电客户涉及停电调换互感器等工作。

已执行 盖 不执行 章 作废

配电第一种工作票（样票）

合格 盖 章 不合格

单位________________ 编号________________

1. 工作负责人________________ 班组________________
2. 工作班成员（不包括工作负责人）：________________________________共______人。
3. 工作任务：

工作地点或设备（注明变（配）电站、线路名称、设备双重名称及起止杆号）	工作内容

4. 计划工作时间：自____年__月__日__时__分至____年__月__日__时__分
5. 安全措施：

（应改为检修状态的线路、设备名称，应断开的断路器（开关）、隔离开关（刀闸）、熔断器，应合上的接地刀闸，应装设的接地线、绝缘隔板、遮栏（围栏）和标示牌等，装设的接地线应明确具体位置，必要时可附页绘图说明。）

5.1 调控或运维人员（变配电站、发电厂）应采取的安全措施	已执行

5.2 工作班完成的安全措施	已执行

5.3 工作班装设（或拆除）的接地线

线路名称或设备双重名称和装设位置	接地线编号	装设时间	拆除时间

5.4 配合停电线路应采取的安全措施	已执行

5.5 保留或邻近的带电线路、设备：

____

____

5.6 其他安全措施和注意事项：

____

____

工作票签发人签名：________________，____年__月__日__时__分

工作负责人签名：________________，____年__月__日__时__分

5.7 其他安全措施和注意事项补充（由工作负责人或工作许可人填写）：

____

____

6. 工作许可：

许可的线路或设备	许可方式	工作许可人	工作负责人	许可工作的时间
				年 月 日 时 分
				年 月 日 时 分
				年 月 日 时 分

7. 工作任务单登记：

工作任务单编号	工作任务	小组负责人	工作许可时间	工作结束报告时间

8. 现场交底，工作班成员确认工作负责人布置的工作任务、人员分工、安全措施和注意事项并签名：

____

____

9. 人员变更

9.1 工作负责人变动情况：原工作负责人______离去，变更________为工作负责人。

工作票签发人：________________，____年__月__日__时__分

原工作负责人签名确认：________________

新工作负责人签名确认：________________，____年__月__日__时__分

9.2 工作人员变动情况：

新增人员	姓名				
	变更时间				
离开人员	姓名				
	变更时间				

工作负责人签名________________

10. 工作票延期：有效期延长到_____年__月__日__时__分。

工作负责人签名：____________________，_____年__月__日__时__分

工作许可人签名：____________________，_____年__月__日__时__分

11. 每日开工和收工记录（使用一天的工作票不必填写）：

收工时间	工作负责人	工作许可人	开工时间	工作许可人	工作负责人

12. 工作终结：

12.1 工作班现场所装设接地线共_____组、个人保安线共_____组已全部拆除，工作班人员已全部撤离现场，材料工具已清理完毕，杆塔、设备上已无遗留物。

12.2 工作终结报告：

终结的线路或设备	报告方式	工作负责人	工作许可人	终结报告时间
				年 月 日 时 分
				年 月 日 时 分
				年 月 日 时 分

13. 备注：

13.1 指定专责监护人__________负责监护____________________

______________________________（地点及具体工作）

13.2 其他事项：______________________________

____

附页：简图（样例）

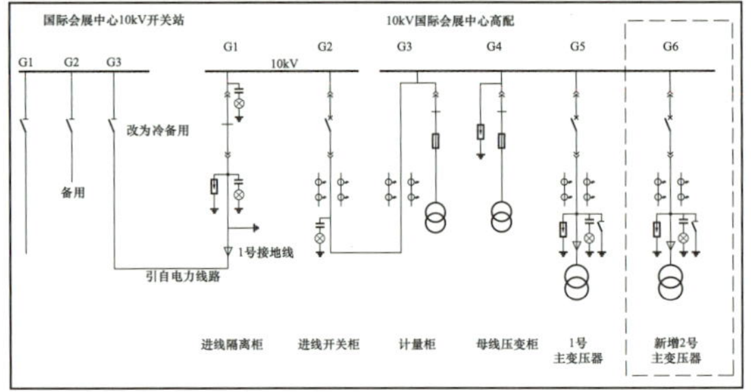

4. 配电第二种工作票

已执行
盖 不执行 章
作 废

配电第二种工作票（样票）

合格
盖 章
不合格

单位____________ 编号____________
工作负责人____________ 班组____________

1. 工作班成员（不包括工作负责人）：____________
____________共____人。

2. 工作任务：

工作地点或设备（注明变（配）电站、线路名称、设备双重名称及起止杆号）	工作内容

3. 计划工作时间：自____年__月__日__时__分至____年__月__日__时__分

4. 工作条件和安全措施（必要时可附页绘图说明）
____
____
____
工作票签发人签名：____________，____年__月__日__时__分
工作负责人签名：____________，____年__月__日__时__分

5. 现场补充的安全措施：
____
____

6. 工作许可：

许可的线路或设备	许可方式	工作许可人	工作负责人	许可工作的时间
				年 月 日 时 分
				年 月 日 时 分
				年 月 日 时 分

7. 现场交底，工作班成员确认工作负责人布置的工作任务、人员分工、安全措施和注意事项并签名：
____
____
工作开始时间：____年__月__日__时__分，工作负责人签名：____________

8. 工作票延期：有效期延长到____年__月__日__时__分。
工作负责人签名：____________，____年__月__日__时__分
工作许可人签名：____________，____年__月__日__时__分

9. 工作完工时间：____年__月__日__时__分
工作负责人签名：____________

10. 工作终结：
11.1. 工作班人员已全部撤离现场，材料工具已清理完毕，杆塔、设备上已无遗留物。
11.2. 工作终结报告：

终结的线路或设备	报告方式	工作负责人	工作许可人	终结报告时间
				年 月 日 时 分
				年 月 日 时 分
				年 月 日 时 分

11. 备注：
12.1 指定专责监护人________负责监护____________
____________（地点及具体工作）
12.2 其他事项：____________
____

适用范围

不需停电的10（20）千伏开关站、高供高计客户内开展电能表（负控装置）装拆、电能表校验、电压互感器二次压降测量、二次负荷测量等单项作业。

5. 施工作业票

适用范围

适用于计量装置一、二次接线与外部电源无电气连接情况下新装用户的装表等工作。

施工作业票（样票）

编号：________

1. 作业单位：________　　工作日期：____年____月____日

2. 作业负责人：________　　作业班人员：____ 共 ____人

3. 工作任务：________

序号	工作地点及表计数量	安装/拆除	完成情况
1		/ 只	
2		/ 只	
3		/ 只	
安全措施注意事项			
作业票签发人（签名）：		作业负责人（签名）：	

4. 站班会记录：

序号	作业人员检查	执行记录（√）
1	工作任务分工明确	
2	工作人员精神状状态良好，无酒后作业现象	
3	着装符合安全要求	
4	装表工器具齐全，绝缘完好符合安全要求	
5	棚梯、竹梯牢固，有防滑措施	
6	特种作业人员具备上岗资格	
7	补充安全注意事项	
作业人员签名		

5. 作业终结时间：____年____月____日____时____分　　作业负责人：________

6. 电能表带电装（拆）作业票

已执行 / 不执行 / 作废（盖章）

电能表带电装（拆）作业票（样票）

合格 / 不合格（盖章）

No：

单位		工作任务			
户号		户名		地点	
工作签发人		工作负责人			
工作班成员				共　人	
计划工作时间	年　月　日　时　分至　年　月　日　时　分				

工作任务和现场安全措施交代（完成后打√）

工作任务交代：（　）现场安全措施交代：（　）

其他：

工作危险点告知（完成后打√）

触电伤害：（　）电弧灼伤：（　）高处坠落：（　）高处坠物：（　）

损坏设备：（　）人员摔伤：（　）周边环境：（　）

其他：

工作人员状况检查（完成后打√）

精神状态：（　）衣着：（　）安全帽：（　）安全带：（　）

其他：

工作负责人签名		工作班成员签名	

现场作业程序（每项完结后由工作负责人打√）

1. 离地2.0M以上登高作业应系好安全带，在梯子上作业应有人扶持：（　）
2. 检查金属表箱接地，确认良好。（　）
3. 对金属表箱外壳验电，确认不带电。（　）
4. 检查用户侧开关已断开（　）悬挂警示牌（　）
5. 交代保留带电部分（　）
6. 逐相拆开电源进、出相线，并用绝缘胶带包扎（　）
7. 电能表安装并检查施工工艺符合标准要求（　）
8. 逐相拆开绝缘胶带，逐一搭接电源进、出相线（　）
9. 检查接线是否正确（　）
10. 测量电压，测得的电压应在合格电压范围内（　）
11. 取下警告牌，检查负荷侧开关合上，并观察电能表运行正常（　）
12. 清洁工作现场，清点物品，工作终结，人员安全撤离工作现场（　）
13. 其他补充安全措施：

工作终结时间：　年　月　日　时　分

工作负责人签名：

适用范围

√ 低压表计轮换、采集设备等批量带电装拆工作；

√ 客户计量装置一、二次接线与外部电源存在电气连接，不涉及互感器装拆的换表工作。

电能表带电装（拆）作业票附件（样票）

——电能表清单

电能表带电装（拆）作业票（样票）

No：

序号	户号	户名	地址	工作开始时间	工作结束时间
1					
2					
3					
4					
5					
6					
7					
8					
9					
10					
11					
12					

（五）领表

快捷方式
待办工作单
进入领表页面，选中待办事项
交流10kV
当前 1 - 15 条记录，共 50 条记录
锁定
解锁
全部解锁
处理
点击“处理”
配表
已出库明细
出库设备汇总
待领设备统计
终端调试
开卡
计量点申请信息
序号
申请编号
用户编号
电表出厂号
计量点编号
1
120514083744
1050111009
475616
00017992342
点击“终端调试”
终端调试结果信息
采集对象信息
SIM卡信息
表计
脉冲
交采
采集点编号
电能表编号
采集端口
CT 变比值
点击“采集对象信息”
表计参数设置
增加
删除
保存
打印
批量打印
领用
发送
返回
点击“增加”
电能表方案
计量点编号
用户编号
资产编号
出厂编号
条形码
00017992342
105011...
130258...
000558...
334050...
智能表
00017992342
105011...
34538556
BNM047...
475616
BNM047...
多功能表
在弹出的新页面中，电能表方案选项下勾选要处理事项
共 0 条记录
应用
返回
点击新页面右下角的“应用”
消息提示
应用成功!
确定
弹出应用成功消息提示，点击“确定”
共 0 条记录
应用
返回
点击“返回”

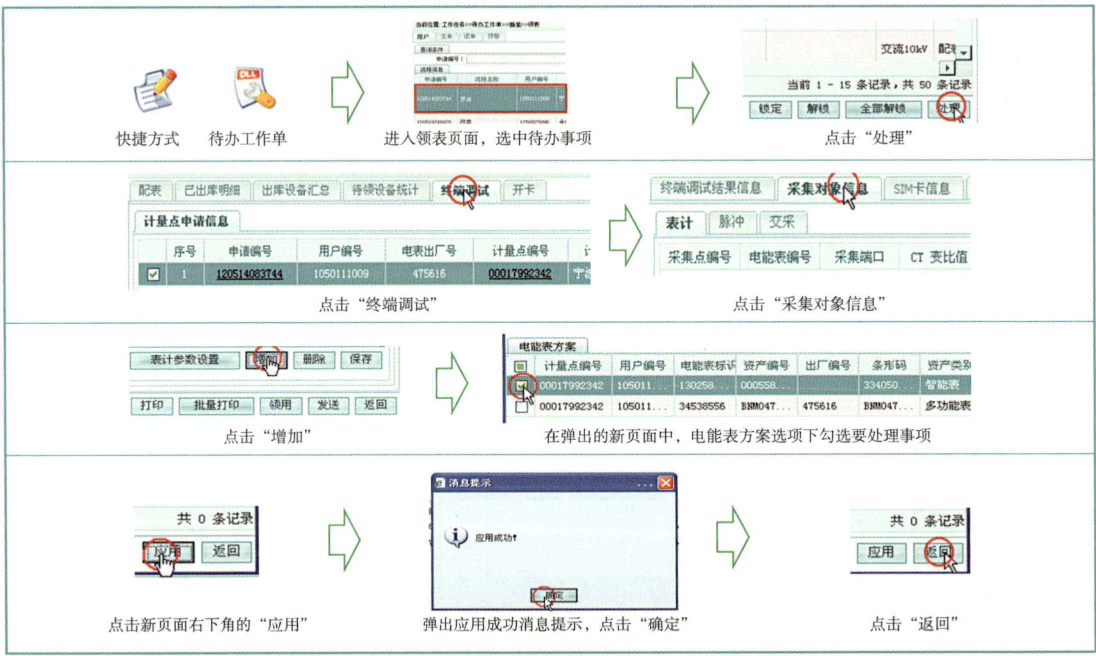

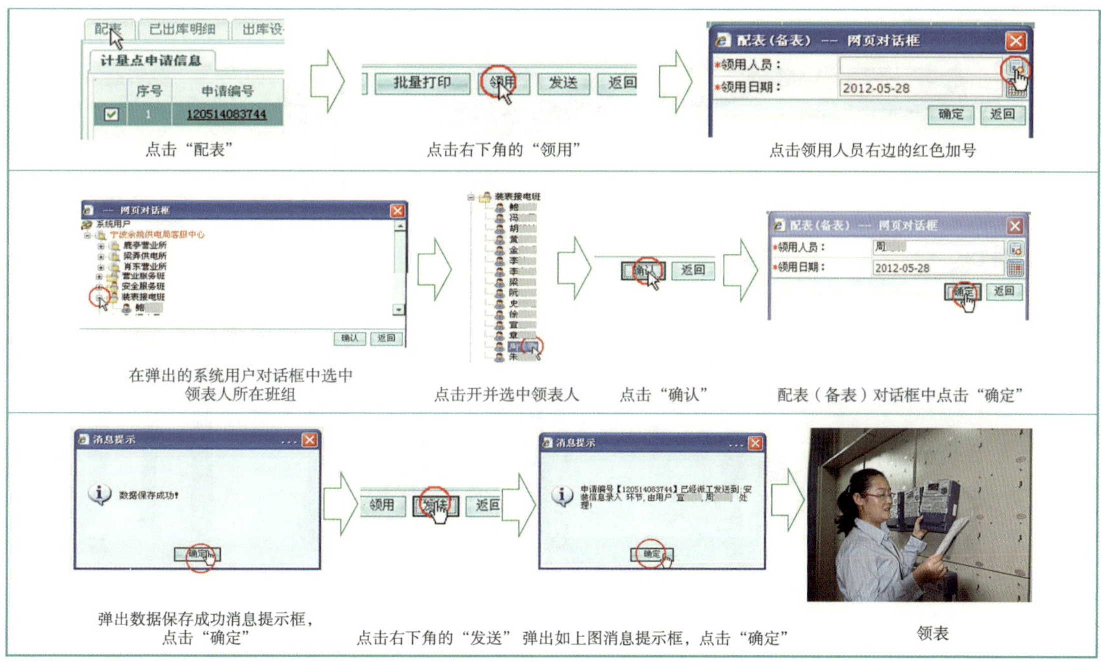

点击“配表”

点击右下角的“领用”

点击领用人员右边的红色加号

在弹出的系统用户对话框中选中领表人所在班组

点击开并选中领表人

点击“确认”

配表（备表）对话框中点击“确定”

弹出数据保存成功消息提示框，点击“确定”

点击右下角的“发送” 弹出如上图消息提示框，点击“确定”

领表

（六）工具材料准备

1. 常用工具

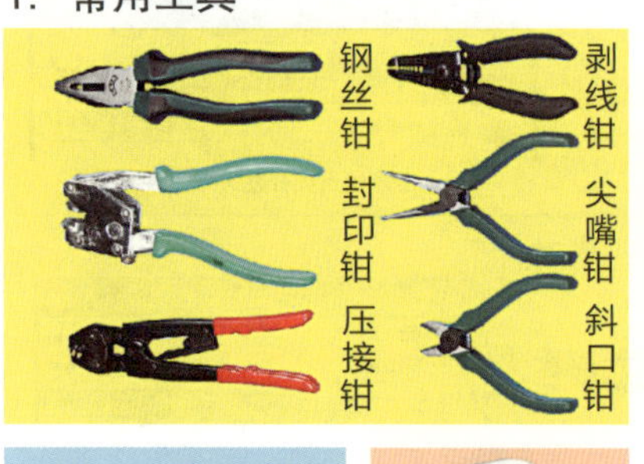
钢丝钳 剥线钳 封印钳 尖嘴钳 压接钳 斜口钳

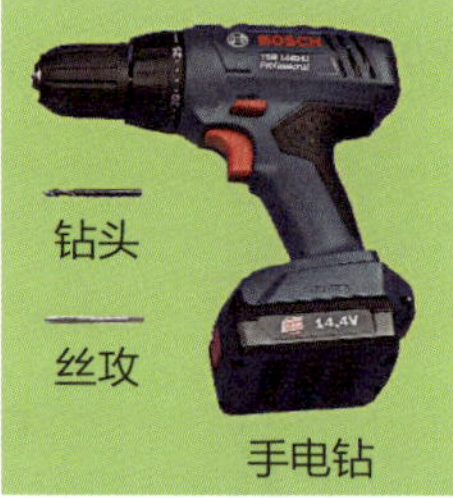
钻头 丝攻 手电钻

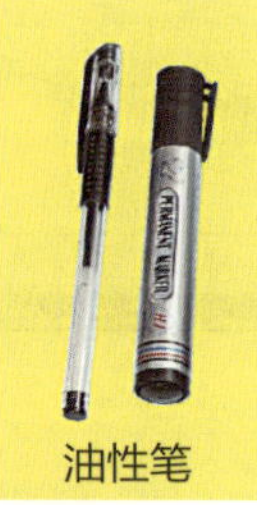
油性笔

毛刷

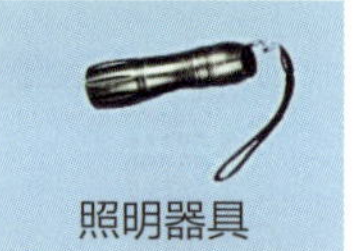
照明器具

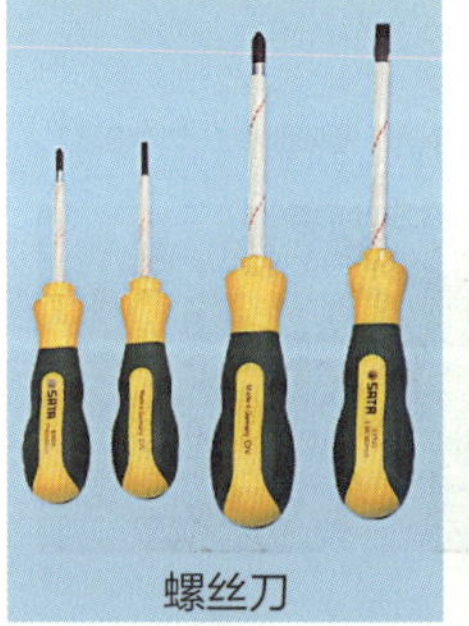
螺丝刀

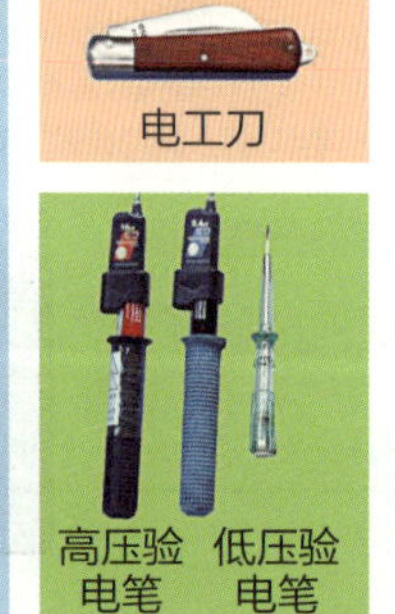
电工刀 高压验电笔 低压验电笔

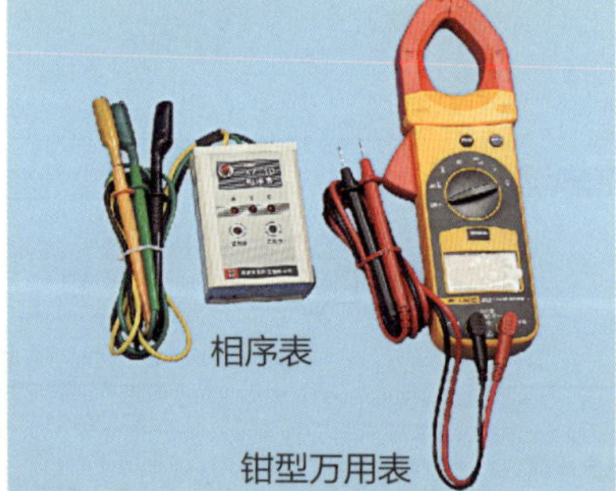
相序表 钳型万用表

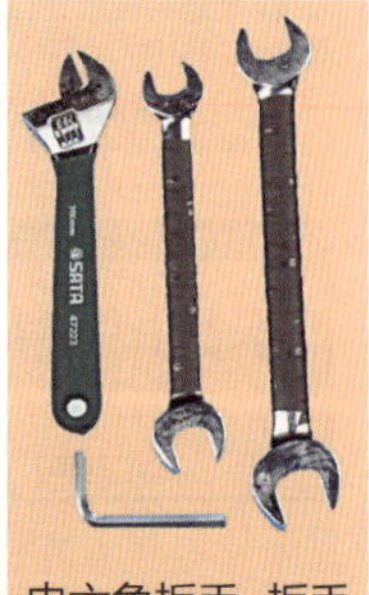
内六角扳手 扳手

注：若需高空作业，还需要配置合格的高处作业工具，如脚扣或登高板、绝缘梯、安全带等。

2. 器具、材料

（1）经互感器接入式计量装置新装与更换。

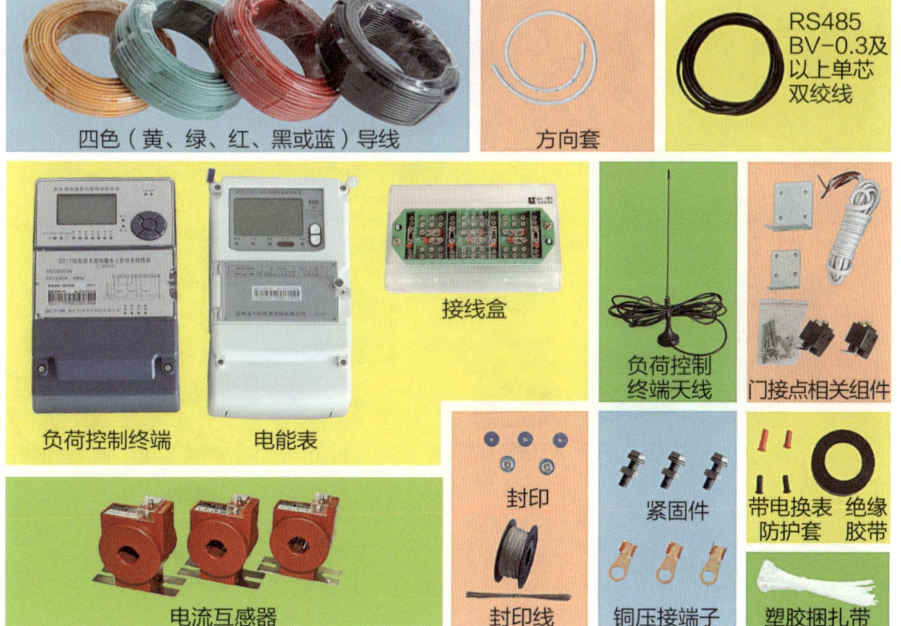

（2）直接接入式计量装置新装与更换。

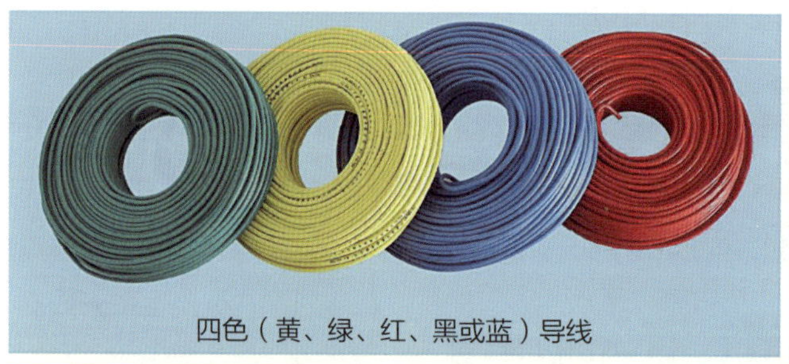
四色（黄、绿、红、黑或蓝）导线

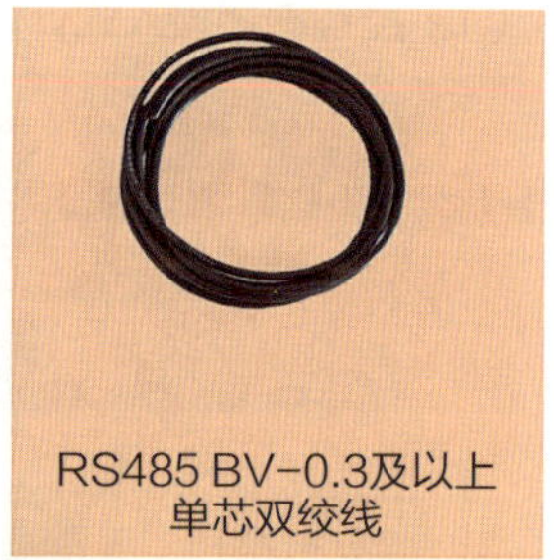
RS485 BV-0.3及以上单芯双绞线

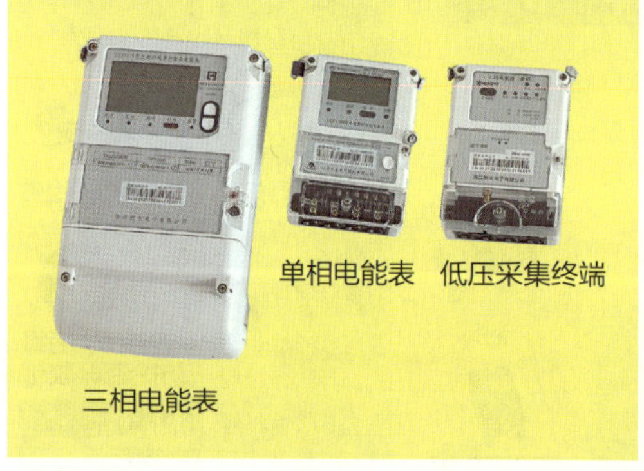
三相电能表

单相电能表

低压采集终端

方向套

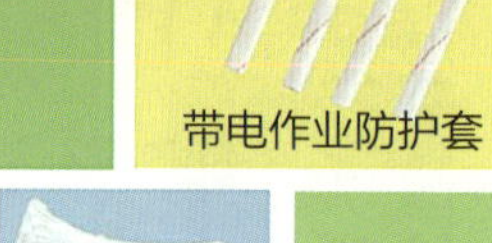
带电作业防护套

封印

封印线

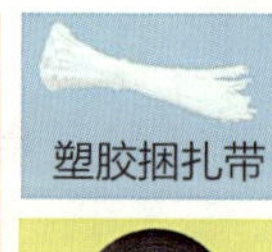
塑胶捆扎带

紧固件

绝缘胶带

铜压接端子

（七）个人防护用品

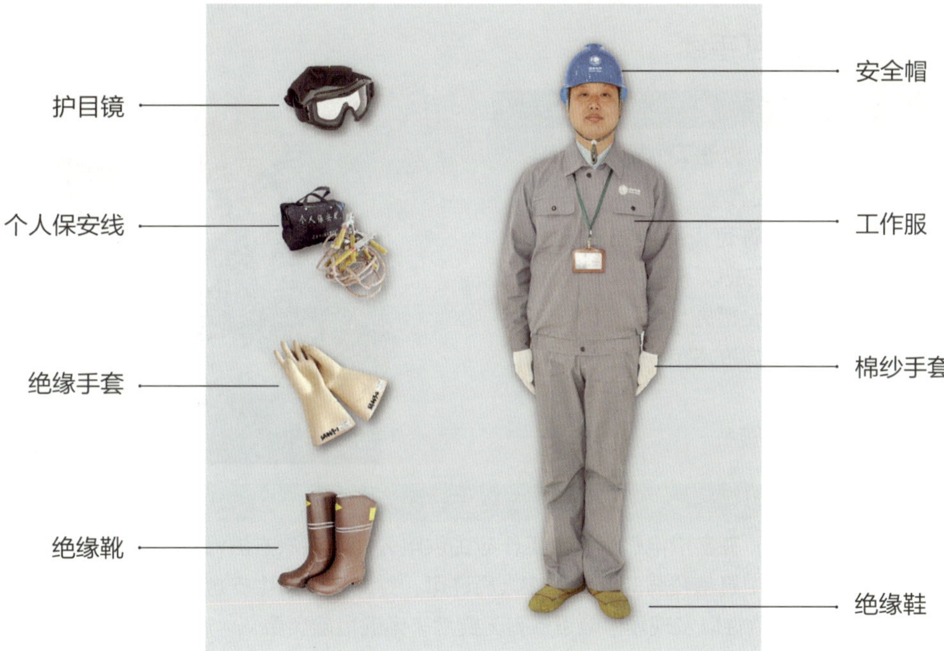

三 现场作业

（一）办理工作票许可手续

工作内容

（1）工作负责人到达现场，办理工作票许可手续。

（2）严禁未经许可开始工作。

（3）工作负责人在工作许可人完成施工现场的安全措施后，还应完成以下手续：

√ 再次检查所做的安全措施。

√ 确认工作许可人指明的带电设备的位置和注意事项。

√ 在工作票上确认、签名。

注意事项

办理工作票许可手续时，在客户电气设备上工作应由供电公司与客户方进行双许可，双方在工作票上签字确认。客户方由具备资质的电气工作人员许可，并对工作票中安全措施的正确性、完备性，现场安全措施的完善性以及现场停电设备有无突然来电的危险负责。

（二）现场站班会

工作内容

确认现场作业前，需召开站班会，工作负责人向工作班成员交代以下事项。

√ 交代工作内容，明确具体分工。

√ 强调安全注意事项，告知危险点：

◆周边环境； ◆高处坠落； ◆高处坠物；

◆损坏设备； ◆人员摔伤； ◆触电伤害；

◆电弧灼伤。

√ 工作班成员明确工作任务，签字确认。

注意要点

√ 严禁违章指挥、无票作业。

√ 遵守相关规程和制度，文明施工。

√ 工作班成员服从工作负责人指挥。

1. 周边环境

检查内容

√ 检查金属表箱接地。
√ 查看电缆沟是否覆盖。
√ 是否存在自备电源。
√ 有无其他施工队伍。
√ 现场是否断电等。

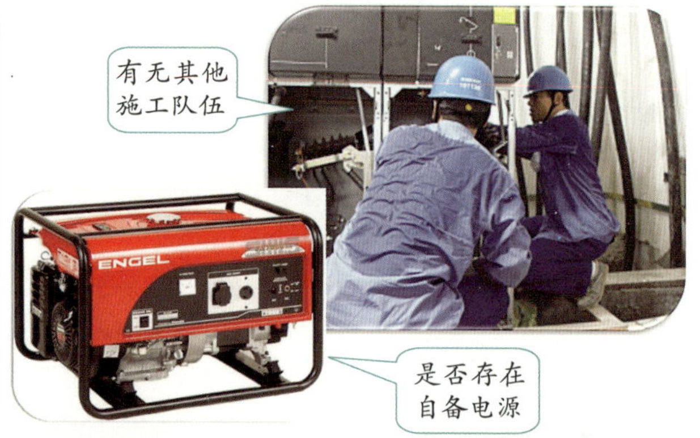

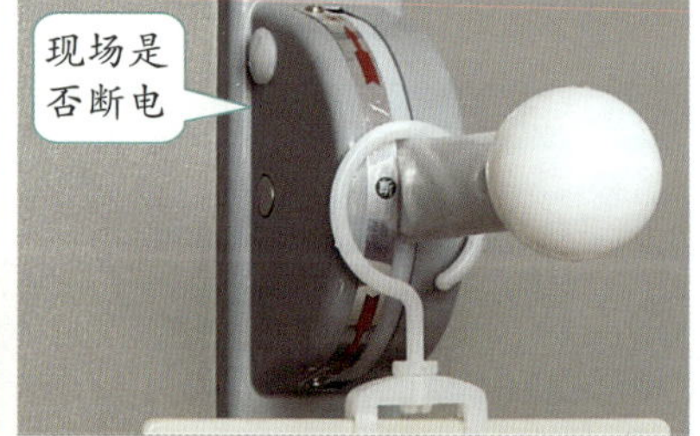

2. 高处坠落

注意要点

- √ 在没有脚手架或者在没有栏杆的脚手架上工作，高度超过1.5米时，应使用安全带，或采取其他可靠的安全措施，并设置专人监护。
- √ 登高前检查登高工具和杆根、安全带是否牢固可靠、绝缘梯是否符合安全要求。
- √ 作业人员在梯子上的站立位置不应超过梯子限高标志。
- √ 登高使用梯子时，梯子与地面的角度为60度左右，采取可靠防滑措施。

3. 高处坠物

注意要点

√ 工作人员禁止将工具及材料上下投掷，应用绳索拴牢传递。

√ 高处作业应一律使用工具袋。

√ 较大的工具应用绳拴在牢固的构件上，工件、边角余料应放置在牢靠的地方或用铁丝扣牢并有防止坠落的措施，不准随便乱放，以防从高空坠落发生事故。

（三）安全措施确认

工作内容

确认安全措施是否到位：

√ 检查作业环境。

√ 检查确认所有开关状态符合工作要求。

√ 计量柜（箱）体验电（验电前需确认验电笔正常）。

√ 作业工具绝缘保护应符合《电力安全工作规程》的规定，工具、材料必须妥善放置，人员应站在绝缘垫上进行工作。

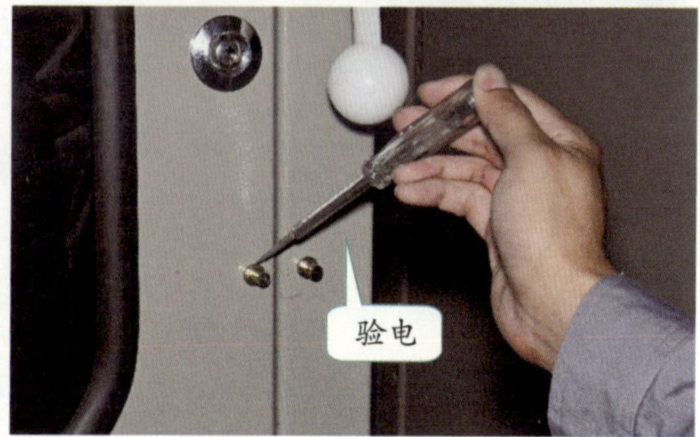

（四）作业步骤

1. 经互感器接入式计量装置新装步骤

步骤1 计量装置核对

工作内容

√ 按照《电能计量装接单》，现场核对户名、户号及新装电能计量器具（电能表，终端，接线盒，互感器）的规格、资产编号等内容，检查外观是否完好。

√ 计量柜（箱）是否符合计量装置、控制回路接入等安装技术要求。

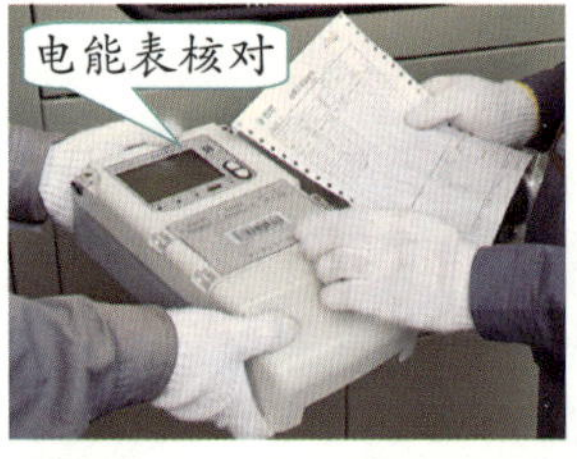

步骤2 计量装置定位

A：电能表、终端、接线盒定位。

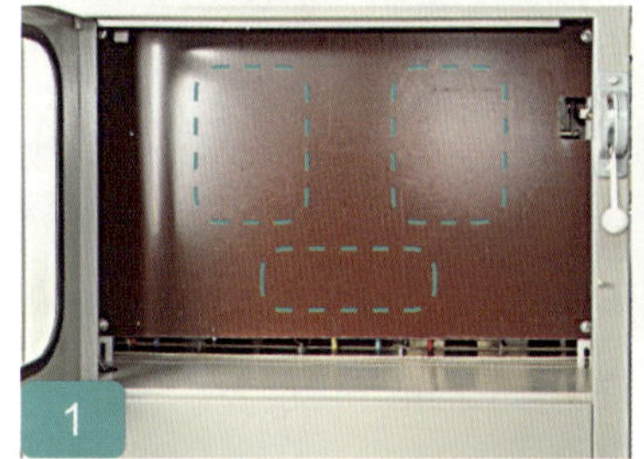

1 观察计量表柜（箱），目测安装位置

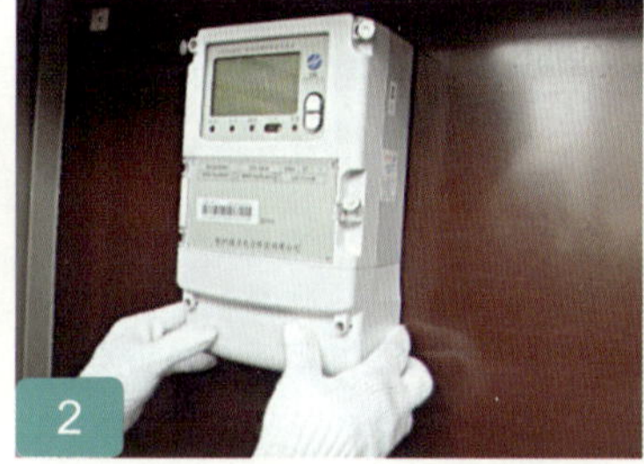

2 试定位，电能表靠左上侧放置

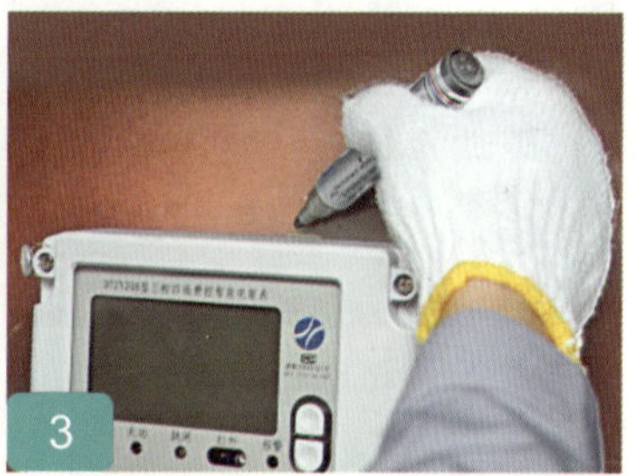

3 定好位，用油性笔标记

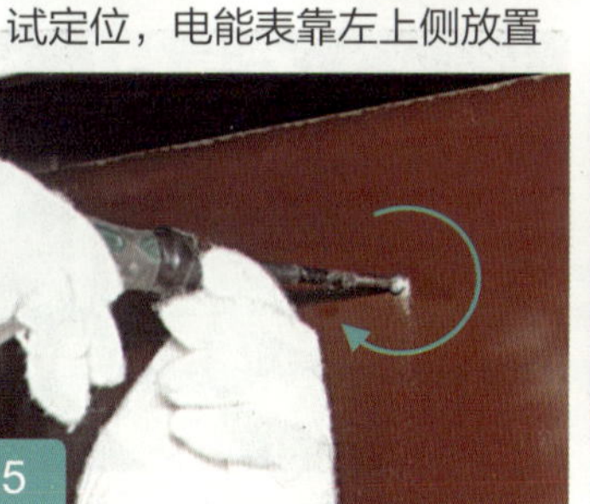

4 用手电钻在标记处打孔

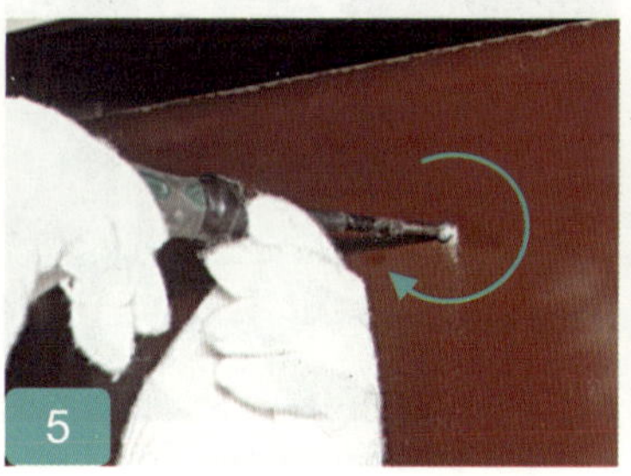

5 固定螺丝

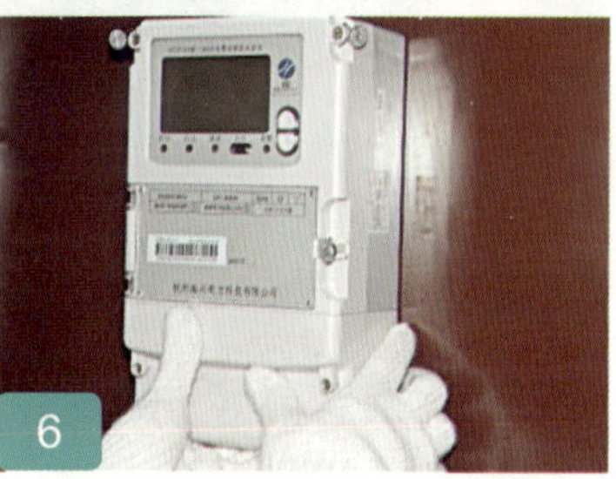

6 将电能表挂在螺丝上并调整至垂直

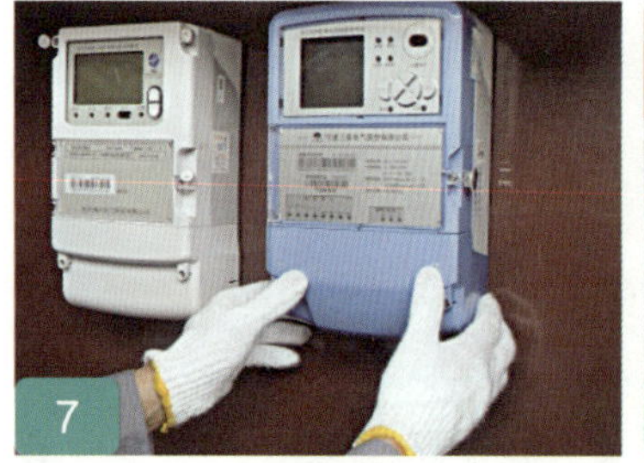
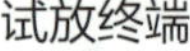

7 试放终端

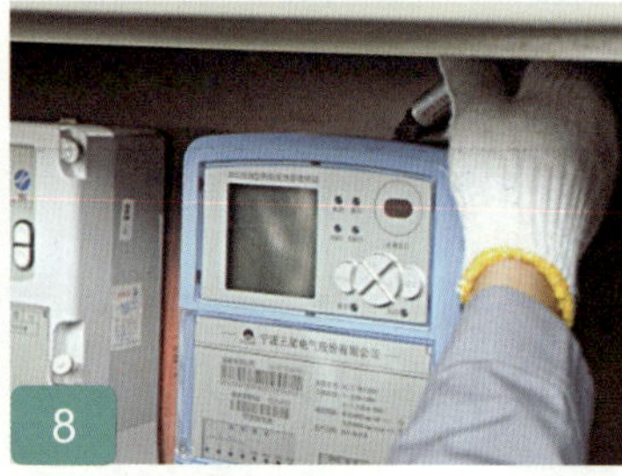

8 用油性笔标记

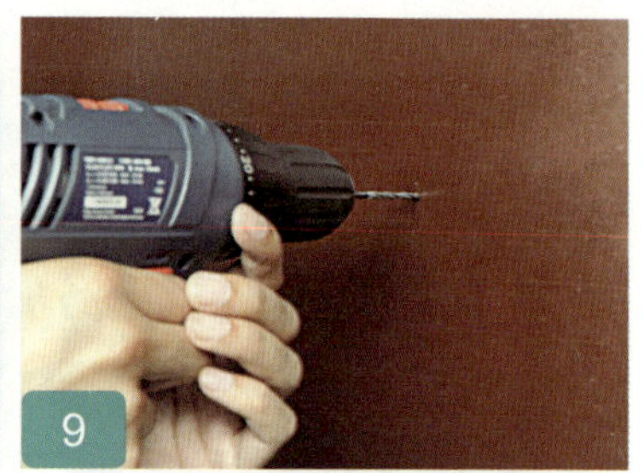

9 在标记处打孔
注：打孔时取下电能表。

10 固定螺丝

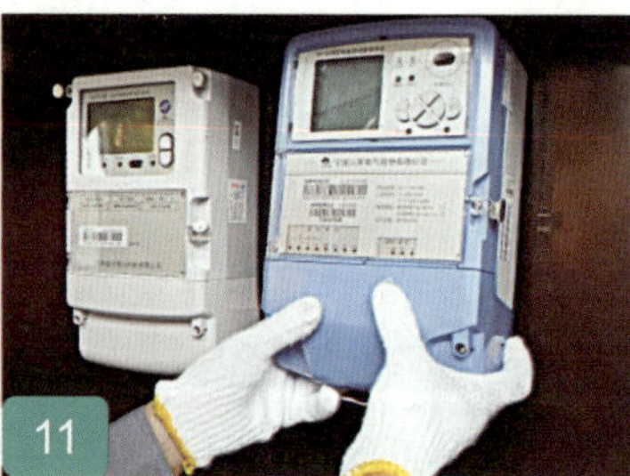

11 挂好电能表和终端

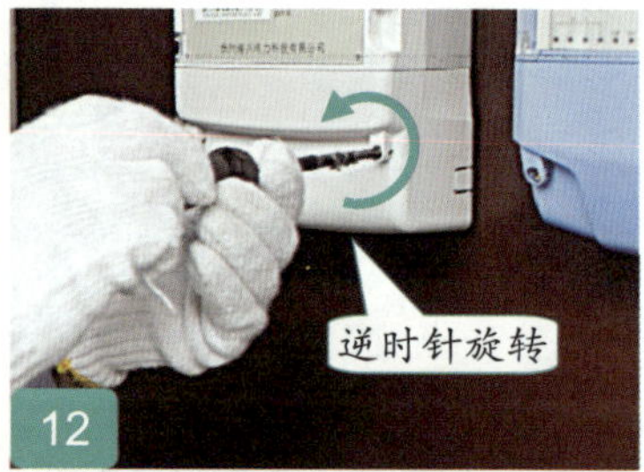

12 拧下电能表和终端表盖螺丝

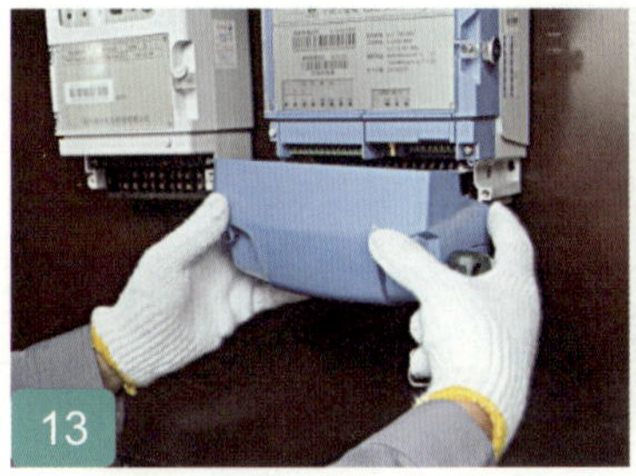

取下电能表、终端表盖

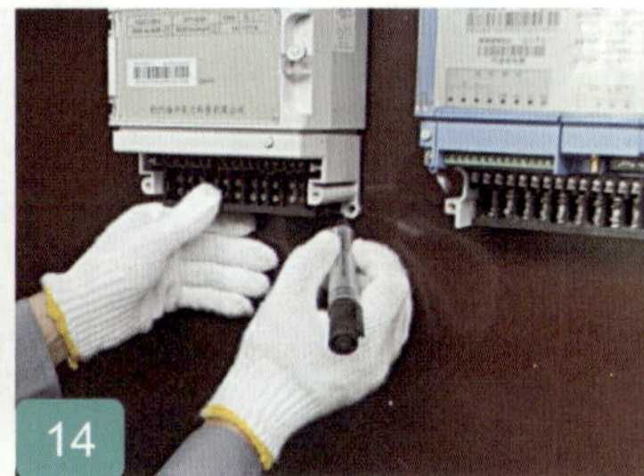

调整垂直并标记位置

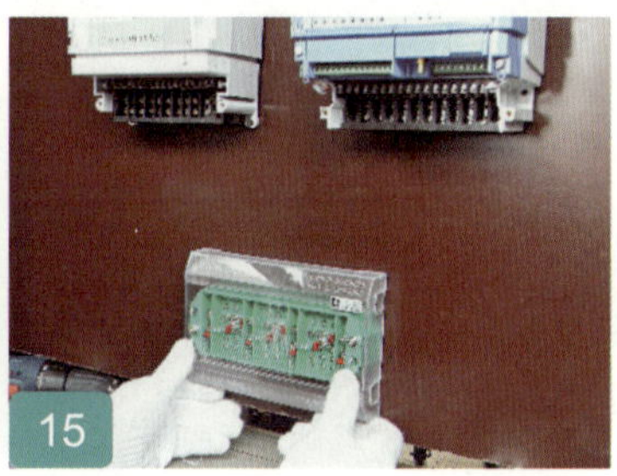

在电能表和终端正下方水平放置接线盒

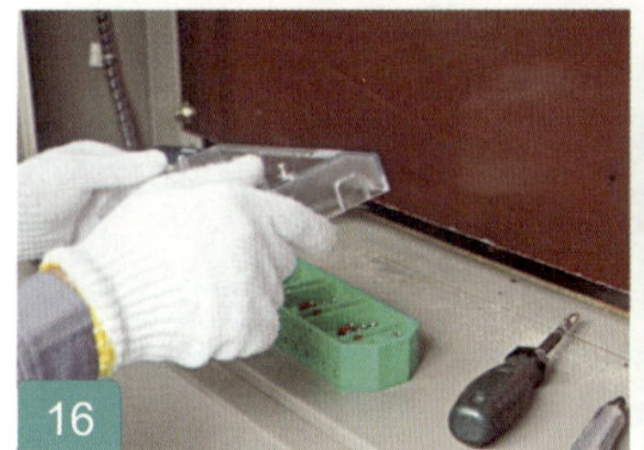

卸下接线盒罩壳

用油性笔标记定位

取下电能表和终端后，在标记处打孔

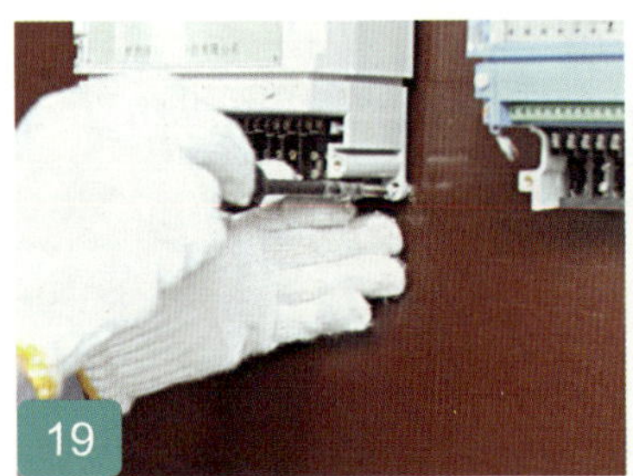

挂好电能表和终端，拧紧固定螺丝

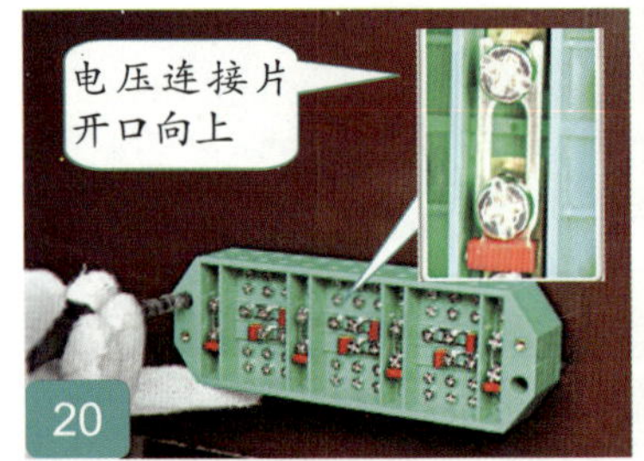

固定接线盒

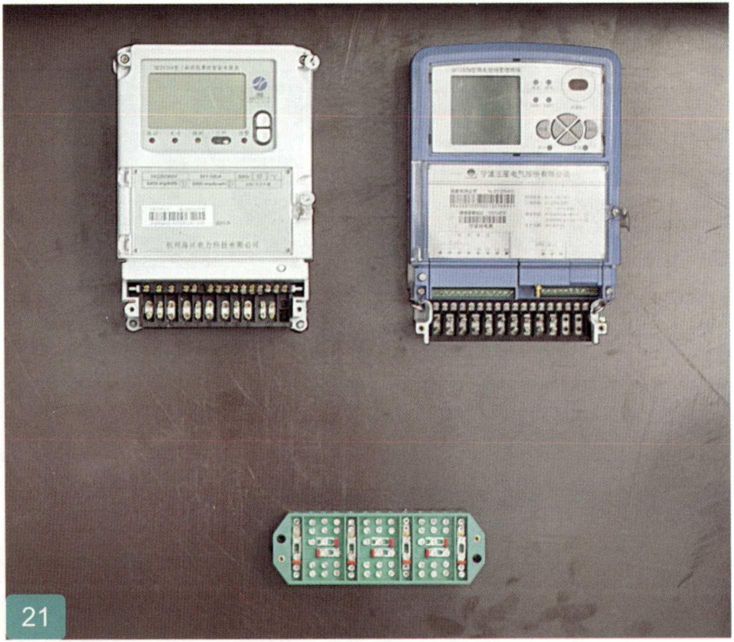

21

固定完毕

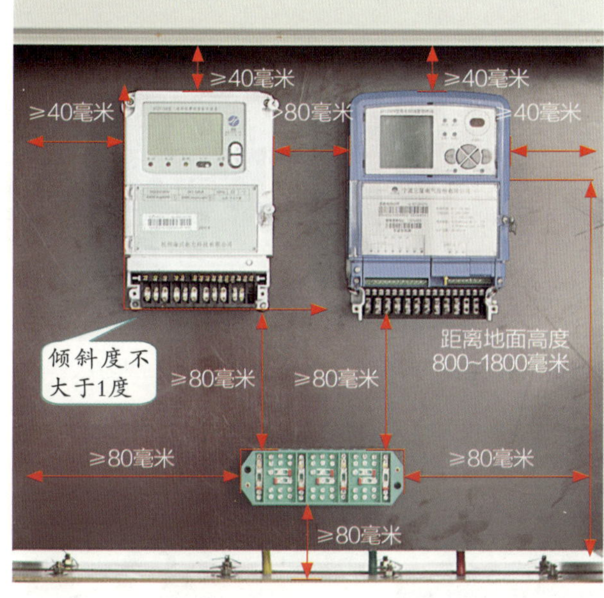

电能表/终端安装及要求

√ 电能表安装必须水平排列、垂直牢固，倾斜不大于1度。

√ 电能表和现场信息采集终端间的最小距离应大于80毫米。

√ 电能表与周围结构件之间的距离不应小于40毫米。

√ 电能表宜装在距地面800~1800毫米的高度。

接线盒安装及要求

√ 接线盒应水平放置，电压连接片开口向上。

√ 接线盒与周围物体之间的距离不应小于80毫米。

√ 接线盒罩壳与罩壳螺丝有可靠的防脱落措施。

B：互感器定位。

旋松螺帽，拆下一次导线

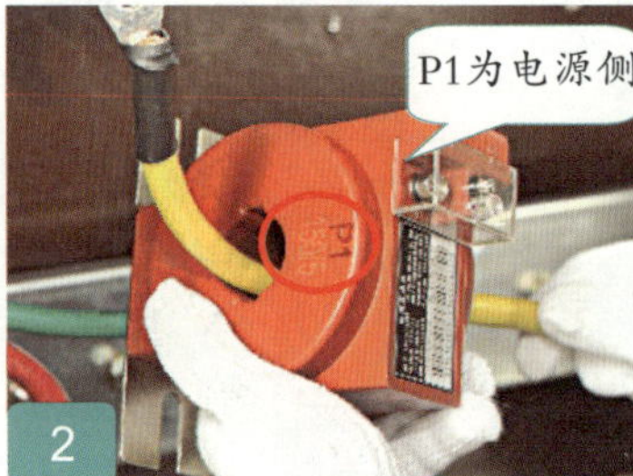

将一次导线穿入互感器

接入一次导线，放上垫片、弹簧垫圈

拧紧螺帽至弹簧垫圈压平

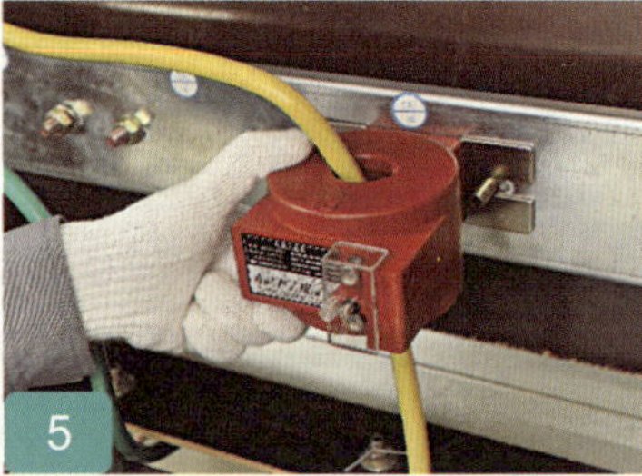

将互感器放置在固定构件上

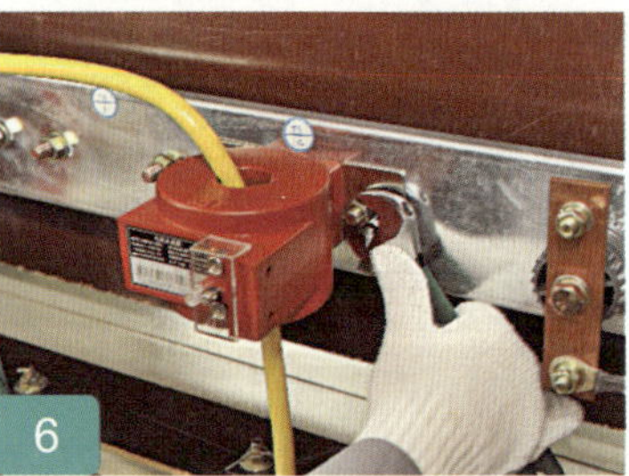

拧紧螺帽

用同样的方法安装、固定其余互感器

注意要点

√ 核对互感器资产编号、变比等信息，检查互感器外观完整性。

√ 用万用表测量互感器一次、二次回路可靠性，同一组互感器的极性方向应一致，电压互感器一次侧所配的保护熔丝电阻大小应相同。

√ 将互感器固定安装在构件上，互感器一次侧连接不应承受各方向拉力，相间应保持足够距离。

√ 多绕组的电流互感器只用一个二次回路时，其余次级绕组应可靠短接并接地。

√ 高压互感器二次回路均应只有一处可靠接地。高压电流互感器将互感器二次k2端与外壳直接接地，星形接线电压互感器应在中心点处接地，V-V接线电压互感器在b相接地。

√ 对于35千伏及以下专用变压器高压电能计量装置，禁止在电能计量装置二次回路安装隔离开关辅助触点和熔断器。

步骤3 布线接线

A：零线接线

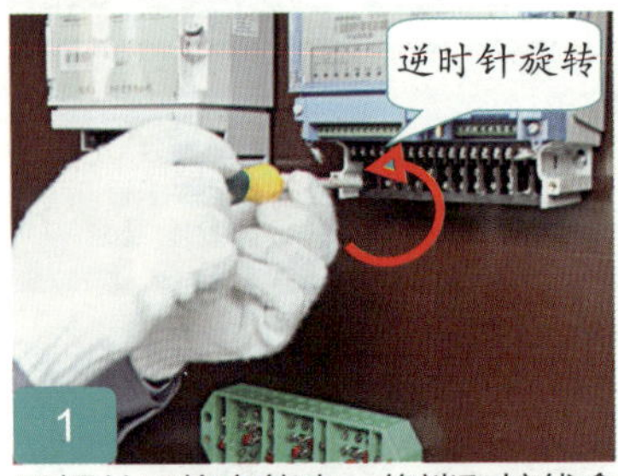

用螺丝刀将电能表、终端和接线盒上的接线柱螺丝旋松

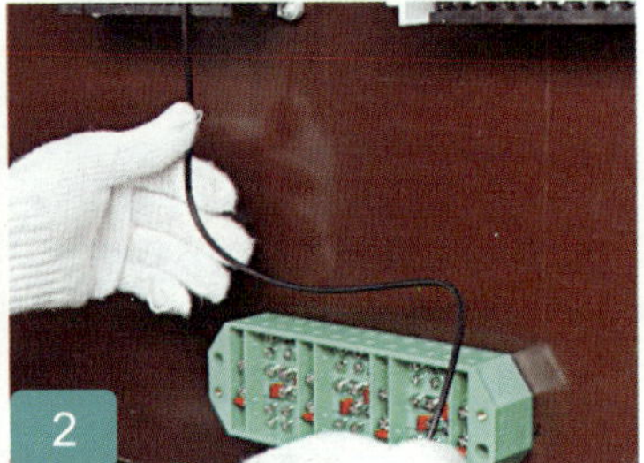

预估零线长度，稍留余度

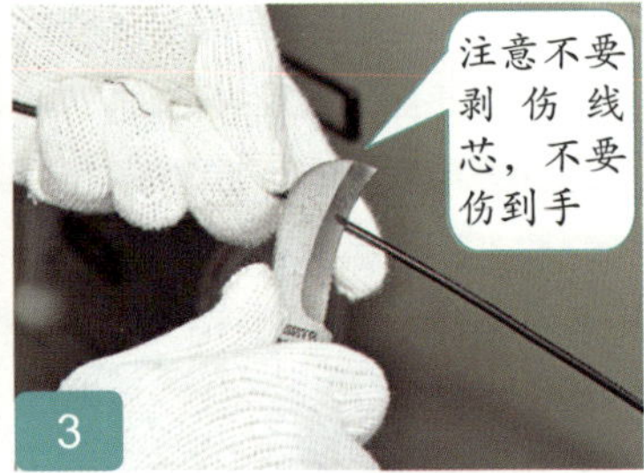

用剥线工具剥线

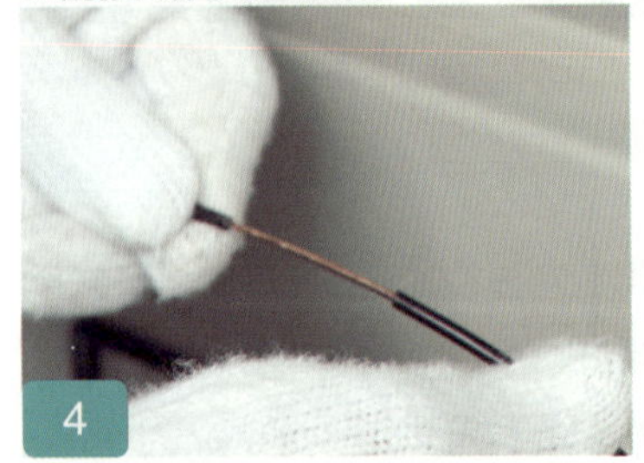

剥好线，从中间对折

压紧导线

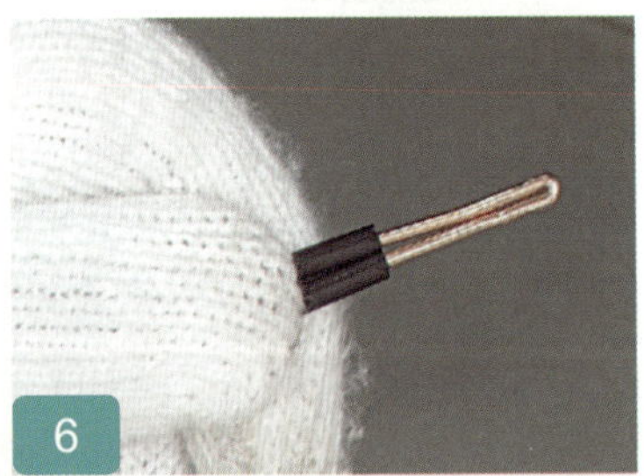

成形

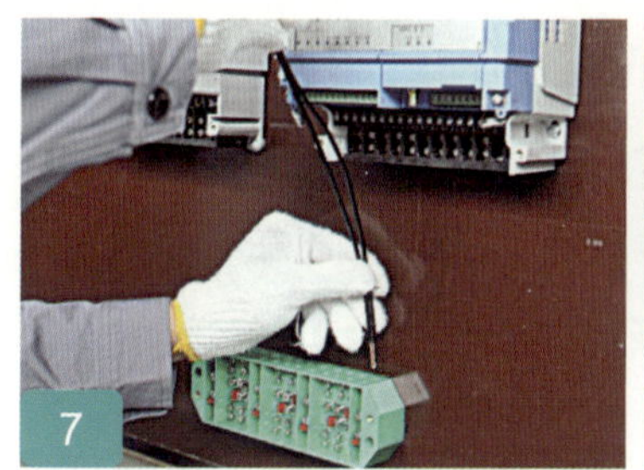

将做好的线头插入接线盒

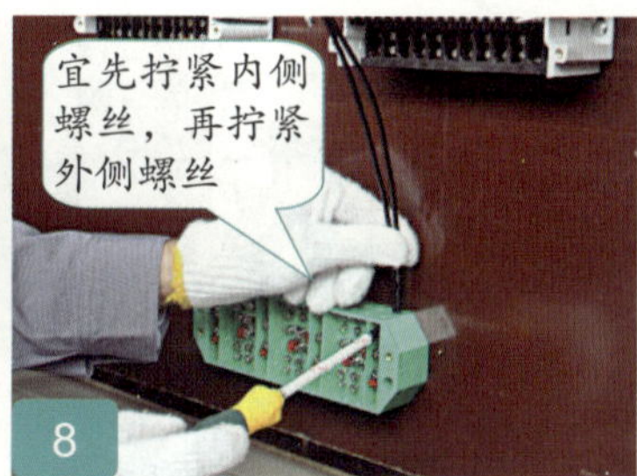

拧紧螺丝

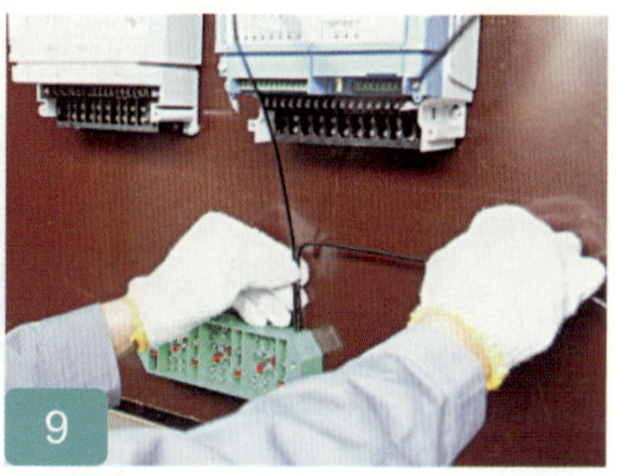

在适当位置将导线折成90度

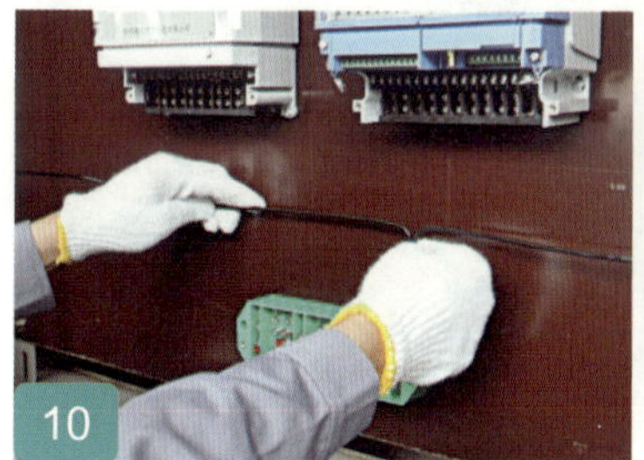

导线左右折弯至水平

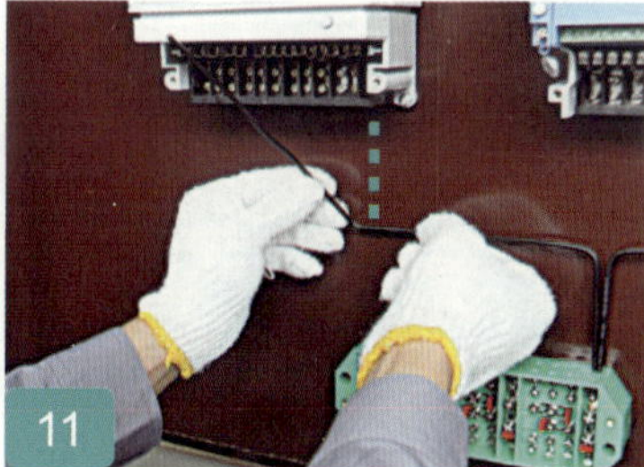

垂直对应接线端口处折成90度

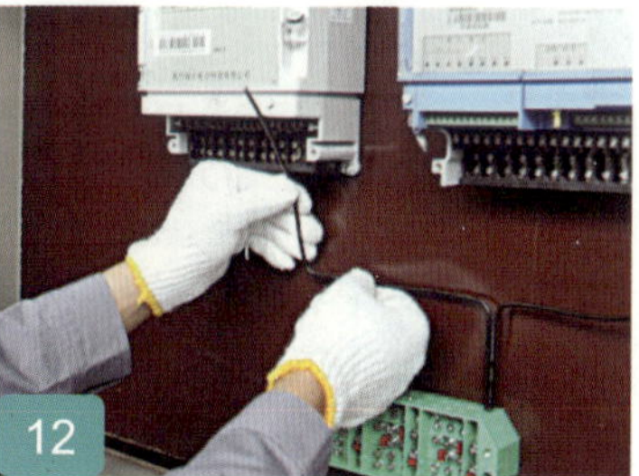

量取剥线位置及长度

截取导线并剥线

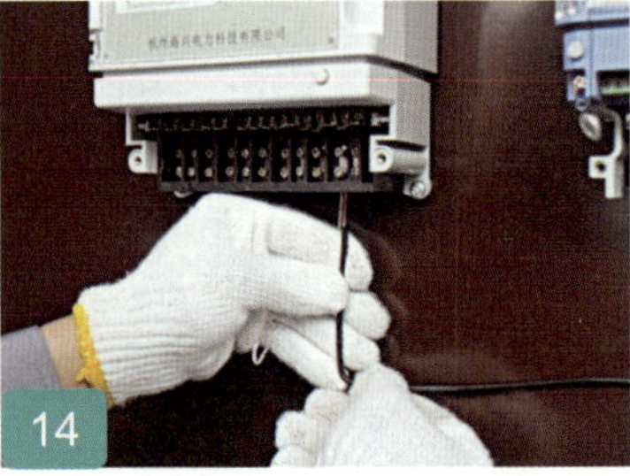

插入电能表相应端口

拧紧螺丝

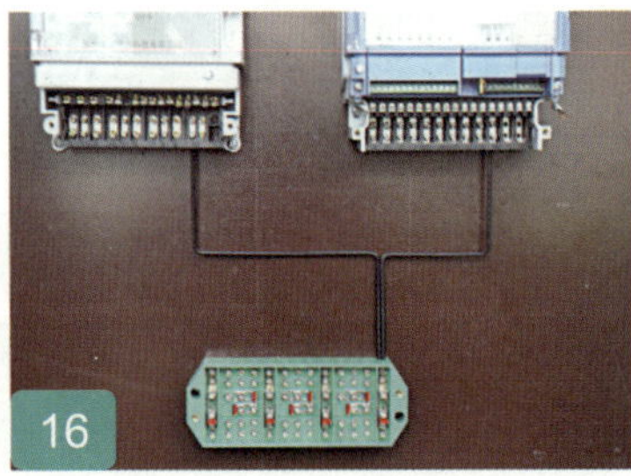

零线接线完毕

注意要点

√ 接入导线不得露铜。

√ 螺丝不得压在导线绝缘层上。

√ 螺丝拧紧力度适中。

√ 固定螺丝时，宜先固定内侧螺丝，再固定外侧螺丝。

√ 当导线直径小于接线端子孔径较多时，应将导线线头对折，以便接触可靠。

B：电流线、电压线接线

1

预估剥线长度

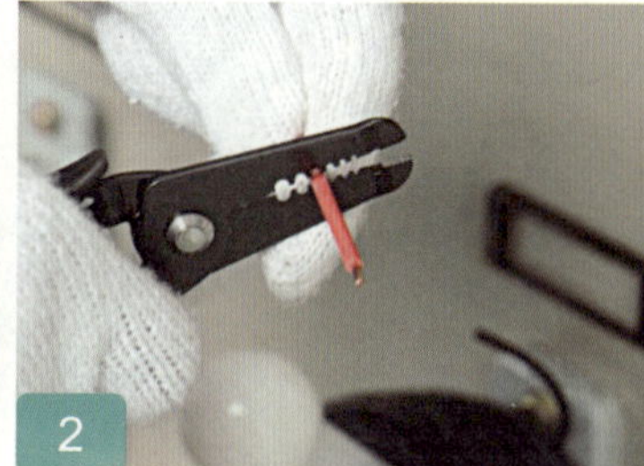
2

剥线

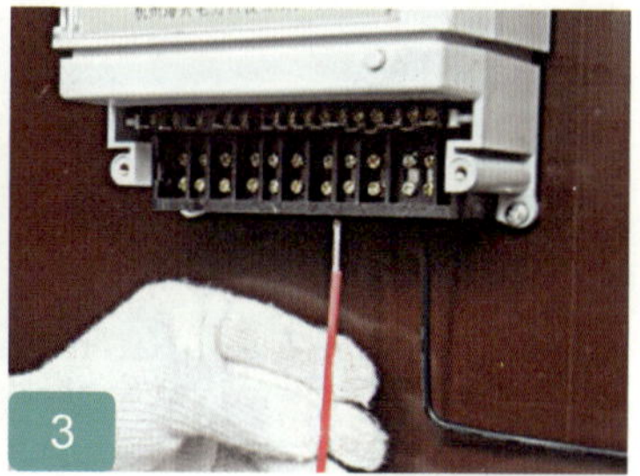
3

插进电能表相应端口

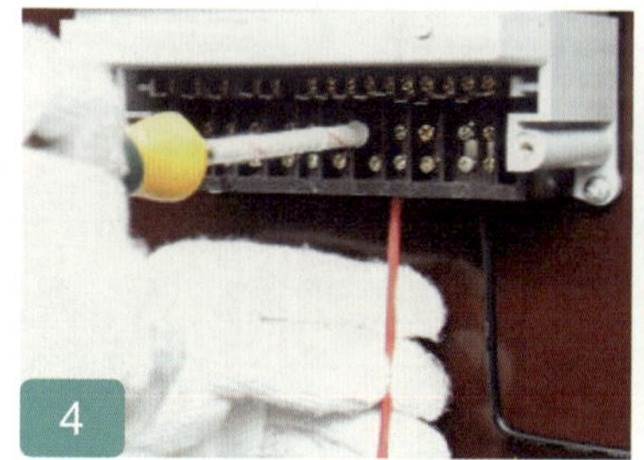
4

依次旋紧内外侧螺丝

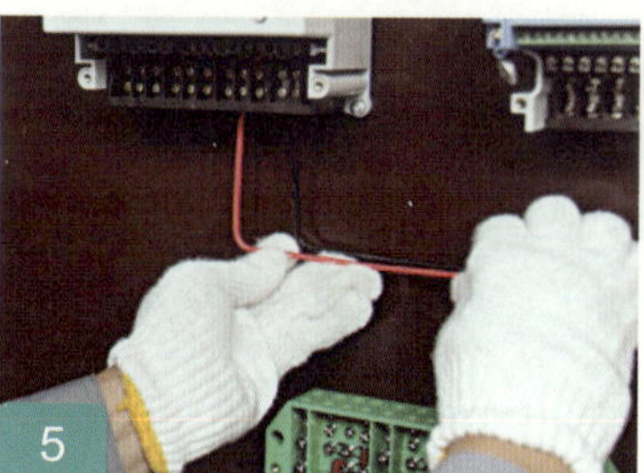
5

布线弯线

6

量取导线到接线盒接线端子长度

量取接线盒端剥线长度

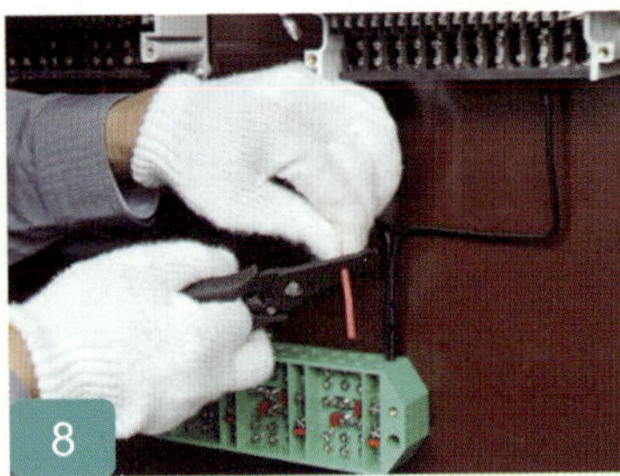

截去多余导线并剥线

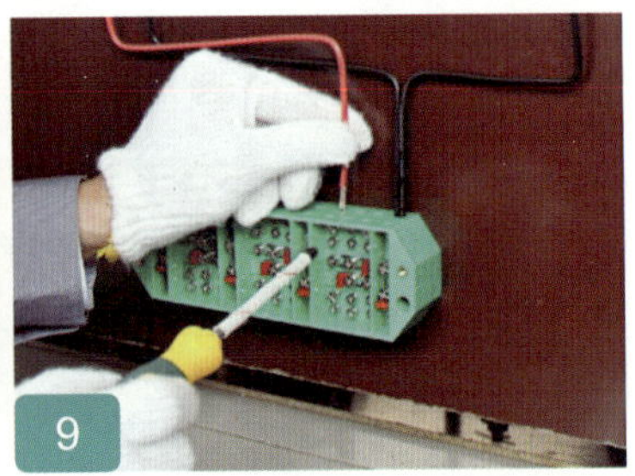

插入接线盒相应端口

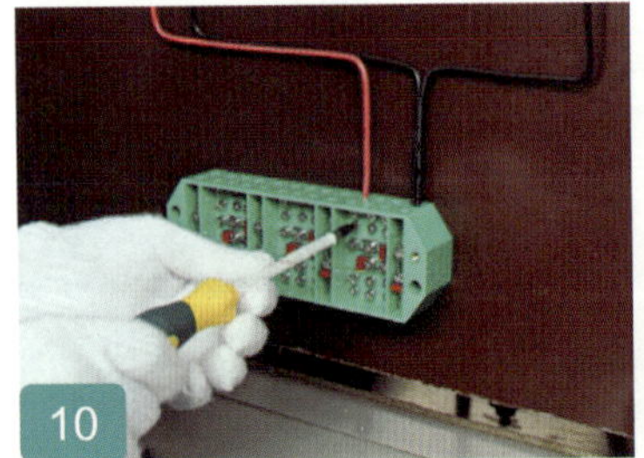

旋紧内外侧螺丝

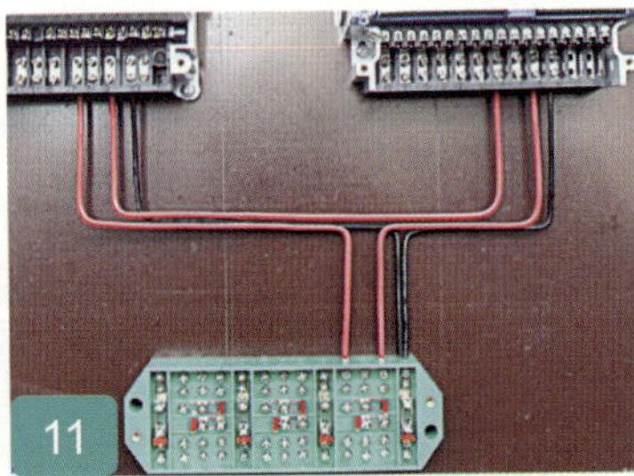

C相电流线安装完毕

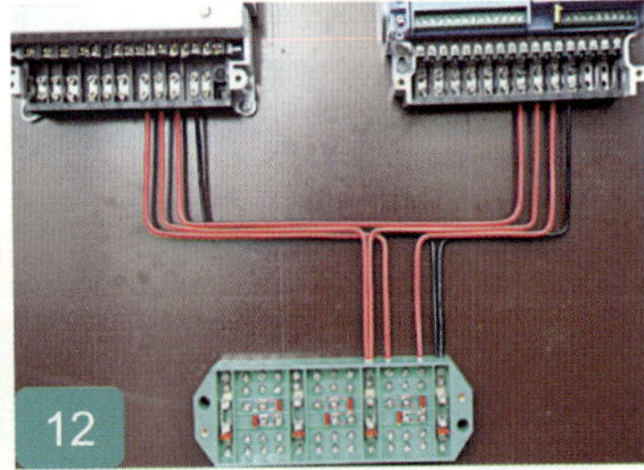

电压线接线方法按照零线接线操作

同样的方法连接好其余相电压电流线

C：互感器接线

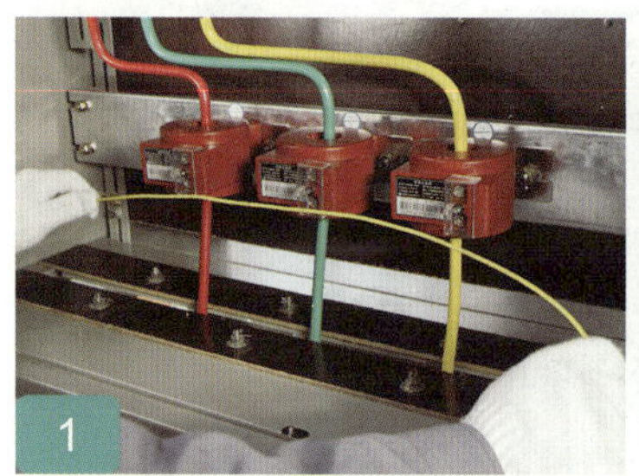

预估互感器到接线盒导线长度

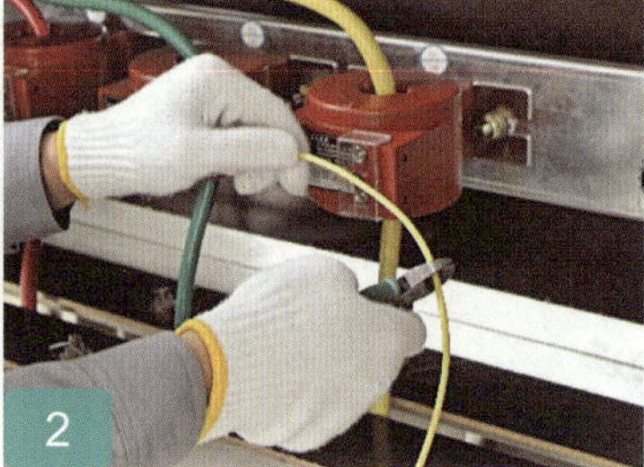

截取导线

截取方向套

将方向套套在截取好的导线两端

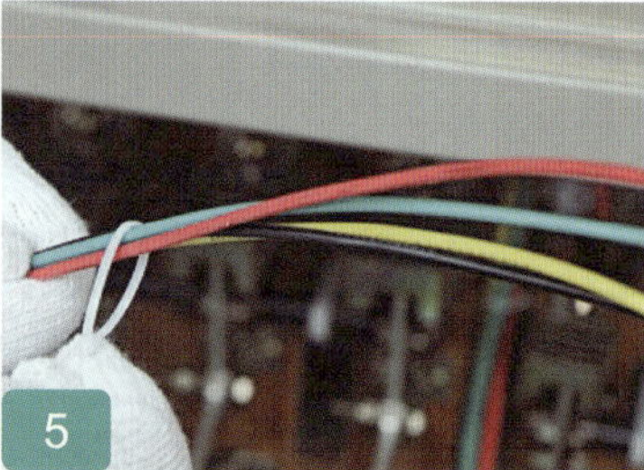

导线扎束

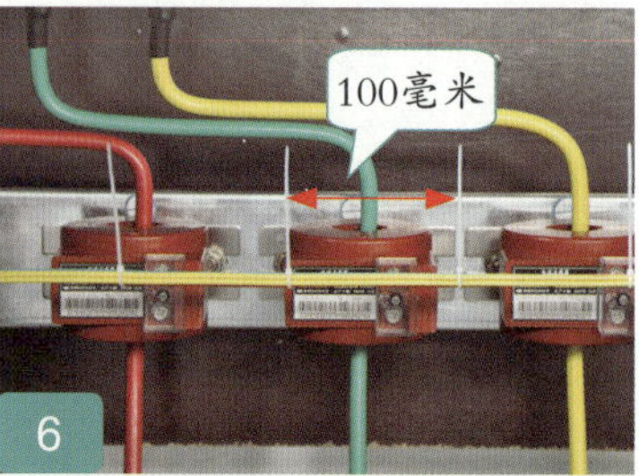

间隔100毫米左右扎束一次

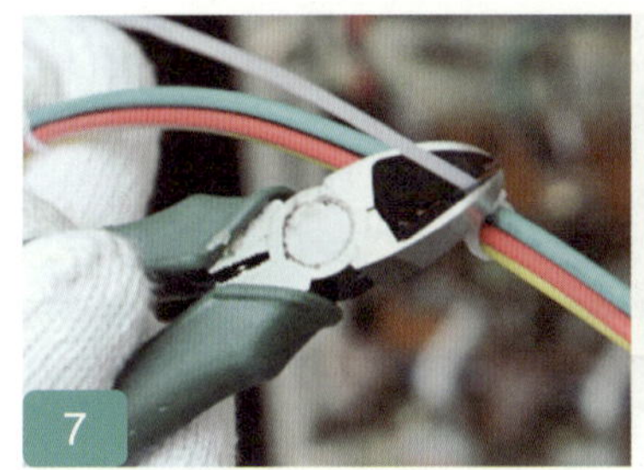

扎带尾线修剪平整

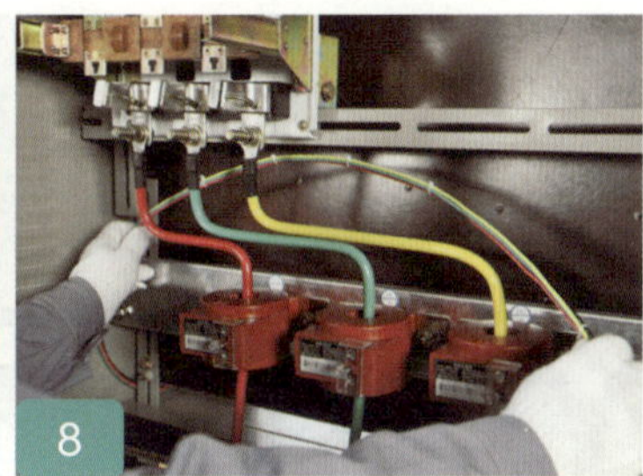

线束与导电体保持一定距离

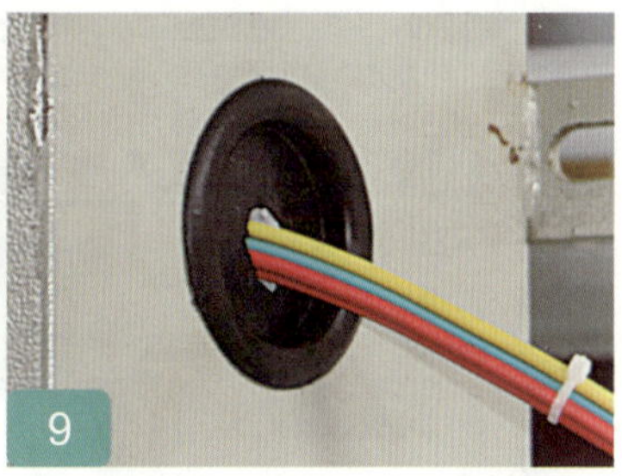

若线束穿越金属板孔，应在金属板孔上套置与孔径一致的橡胶保护圈

撕下固定件的防护膜，将固定件粘贴在计量柜的框架上

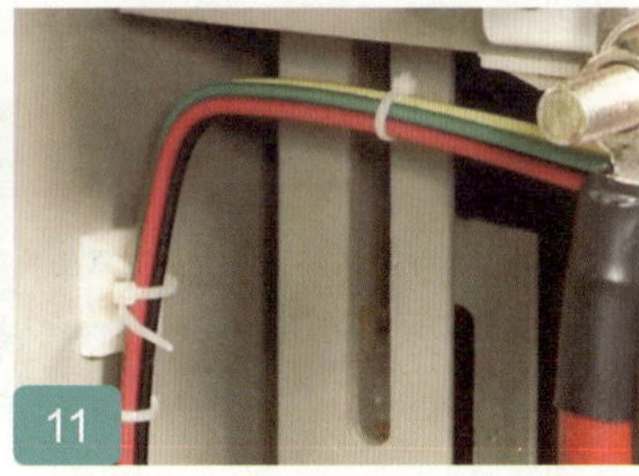

将塑料捆扎带穿入相应位置的固定件上，固定好线束

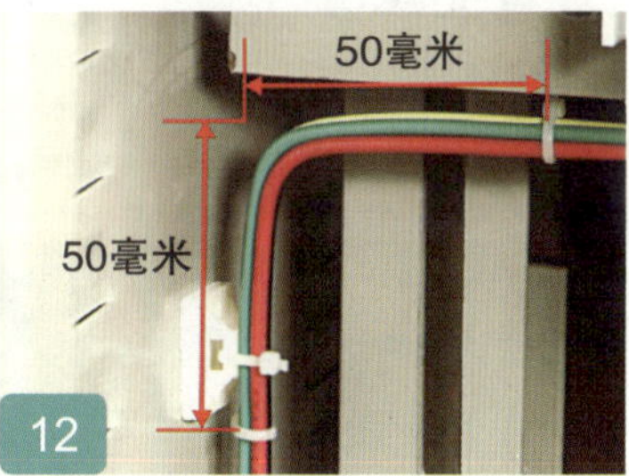

捆扎带之间的距离转弯处为50毫米

固定点纵向间距≤400毫米

固定点横向间距≤300毫米

13

安装零线

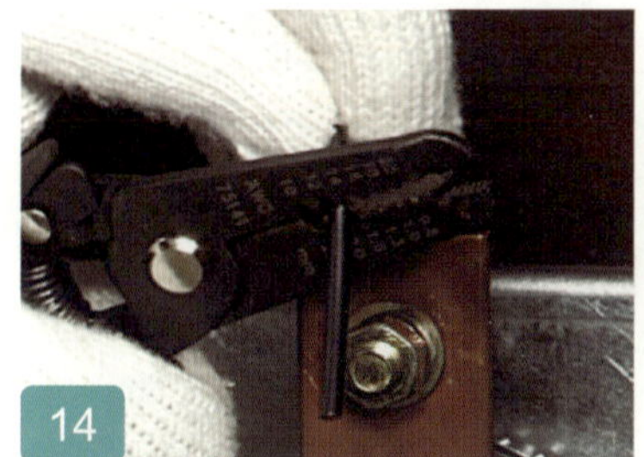
14 剥线

15 先反向折弯线芯至90度，打弯做头

16 放入垫片和线头

17 放上垫片和弹簧垫圈

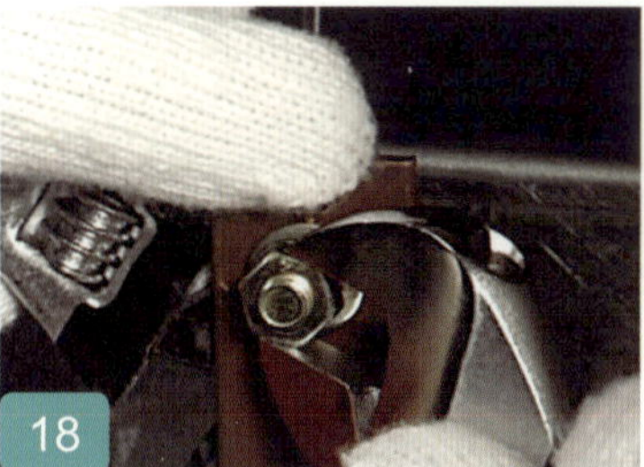
18 放上螺帽并拧紧

19 互感器零线接线完成

安装电压线

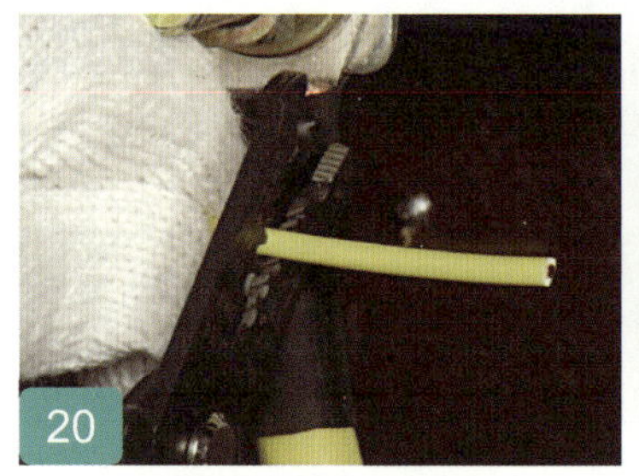

量取长度，并剥线

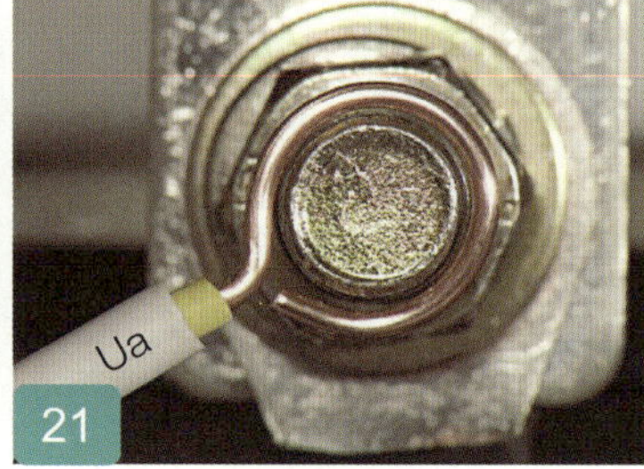

打弯做头

放上垫片

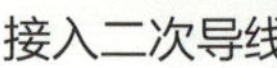
接入二次导线

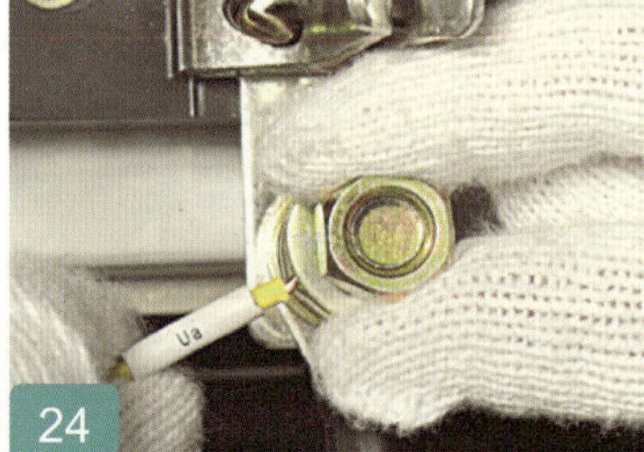

再放上垫片、螺帽

拧紧固定

26

用同样的方法接好其他相电压线

注意要点

严禁直接将二次导线和一次导线用同一个螺帽压接，拧紧后，螺栓应露出螺纹2至5牙。

安装电流线

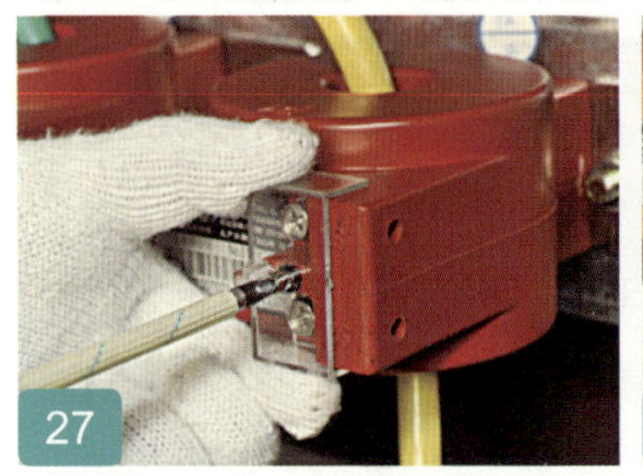

27 卸下互感器罩壳和接线螺丝

28 量取剥线长度，剥线

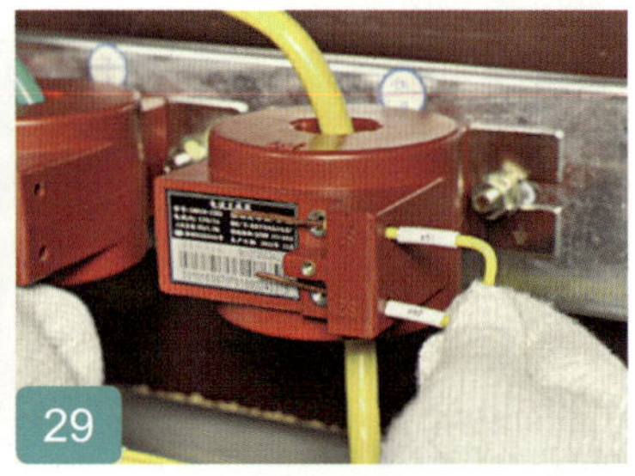

29 插入导线

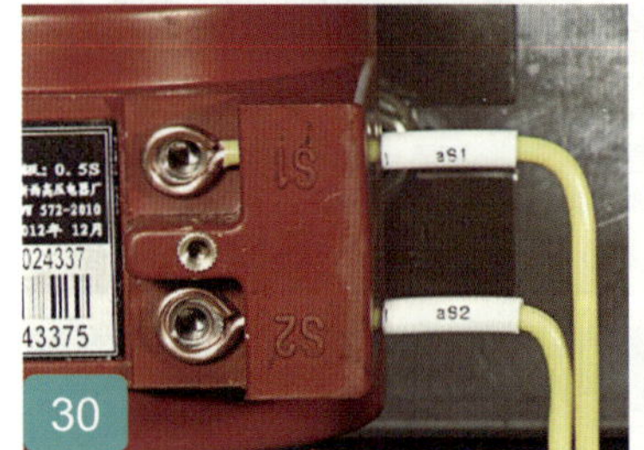

30 打弯做头

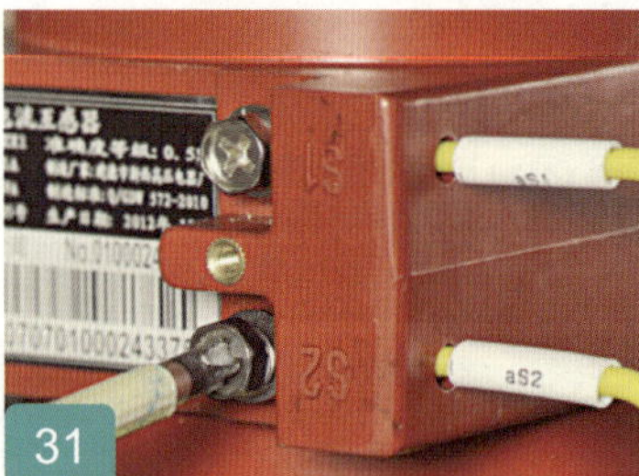

31 拧紧接线螺丝

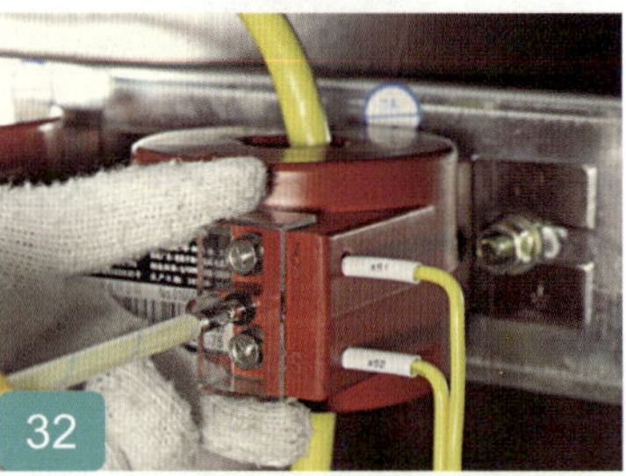

32 装上互感器防窃电罩壳

同样的方式安装好其余相电流线，并扎束导线

接线盒下端接线

34 布线并量取剥线长度

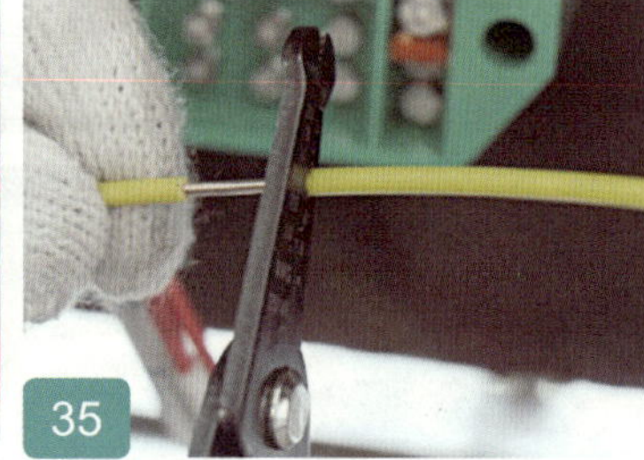
35 剥线

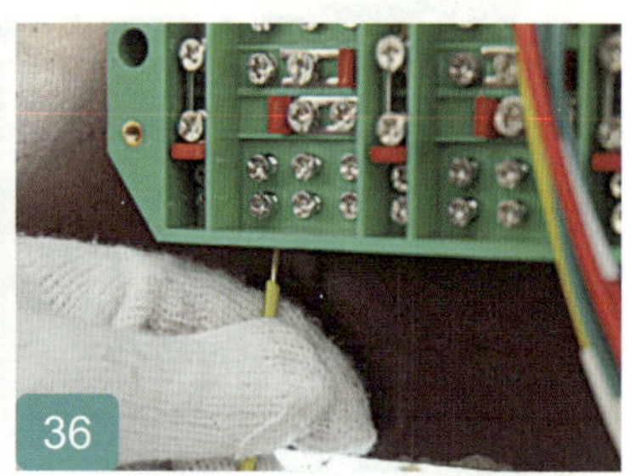
36 将导线插入接线盒相应端口

37 先固定内侧螺丝

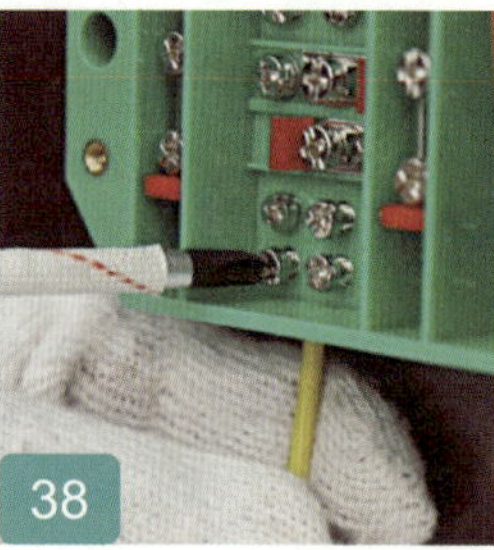
38 再固定外侧螺丝

39 同样的方法接好其余相电压、电流线和零线

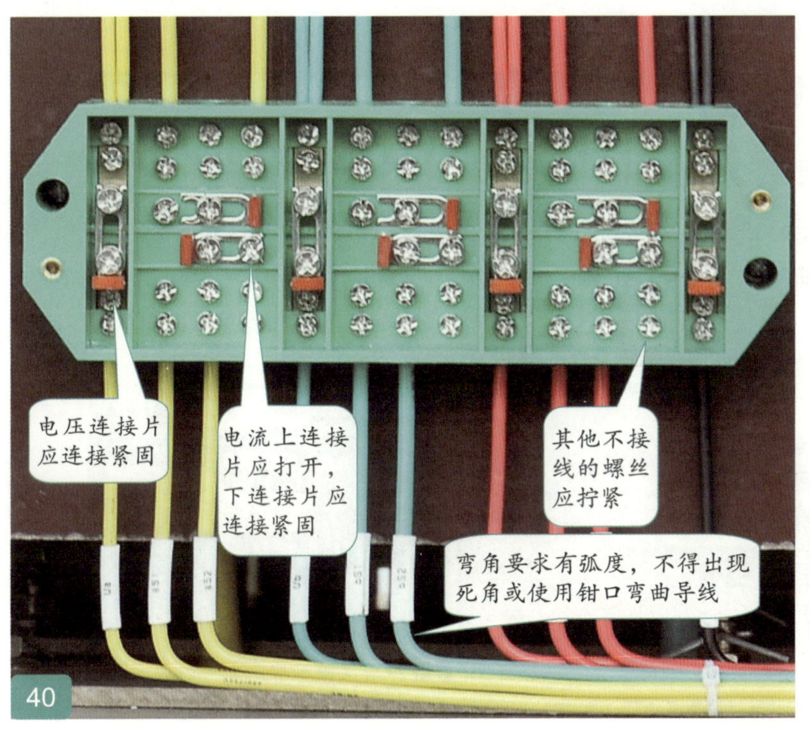

注意要点

√ 二次回路走线要合理、整齐、美观。

√ 二次导线接入端子圆环弯曲方向应与螺钉旋入方向相同，导线芯不能裸露在接线桩外。

√ 二次回路的导线中间不得有接头，绝缘不得有损伤，导线与端钮连接必须拧紧，接触良好。

√ 螺丝内侧拧紧，外侧力度适中，不能伤线。

D：安装485通信线

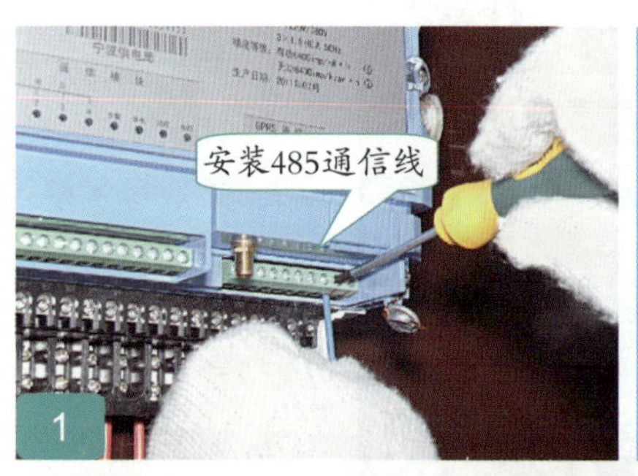

注意要点

√ 连接时电能表485A端子连接终端485A端子，电能表485B端子连接终端485B端子。

√ 485连接导线宜采用双绞线。

E：安装跳闸回路控制线

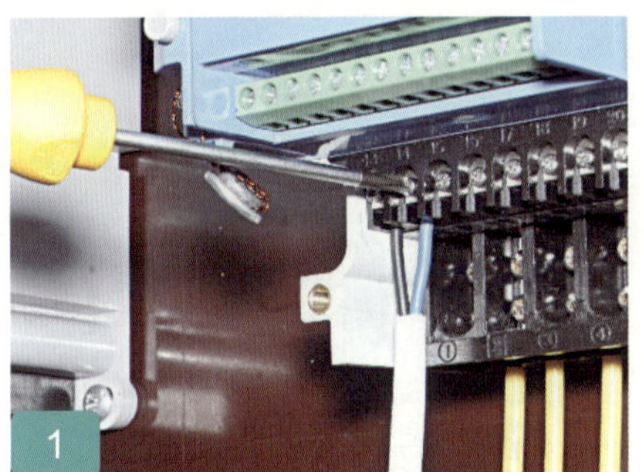
1

接入跳闸回路控制线

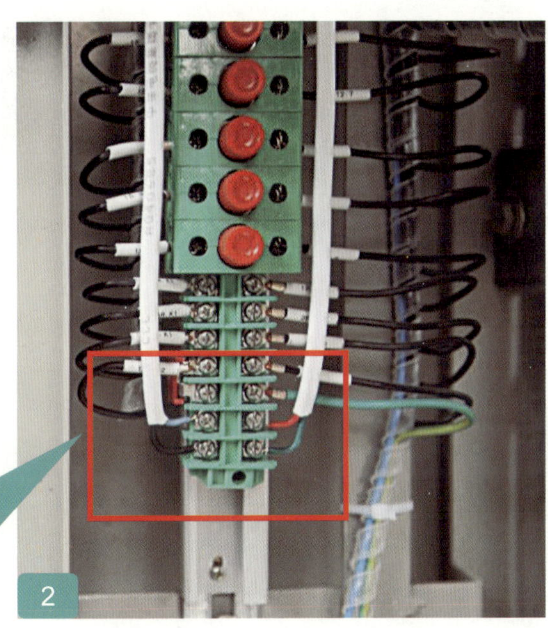
2

另外一端接在计量柜控制回路端子

F：门接点开关安装及接线

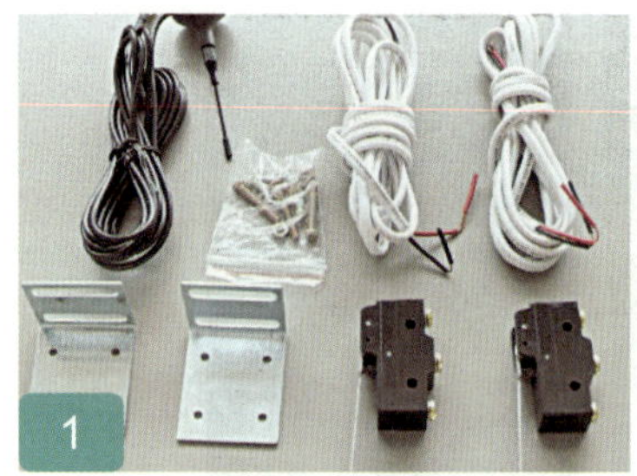
门接点开关及通信天线套件

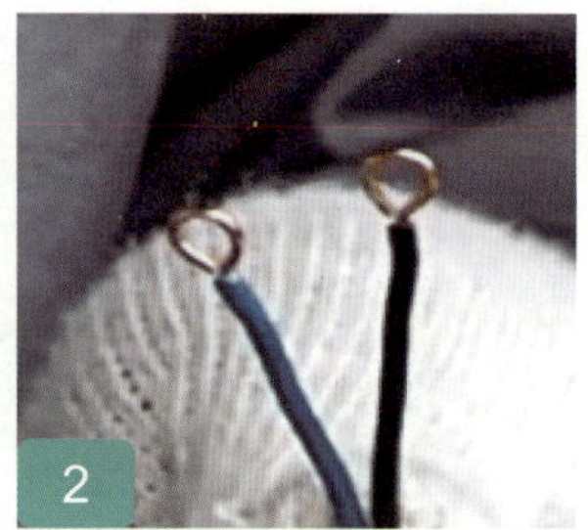
做头

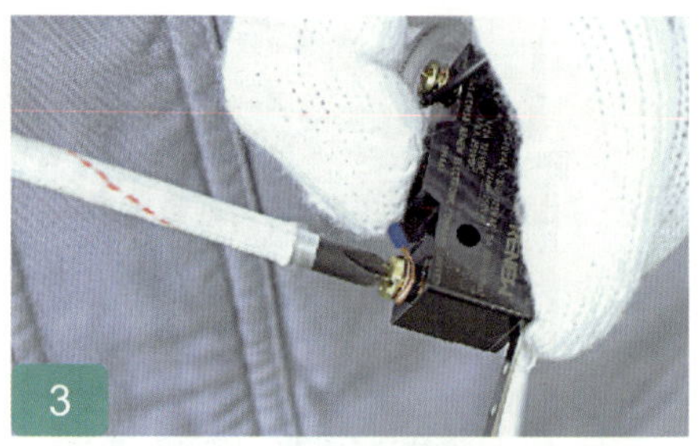
导线照常开方式接入相应端子

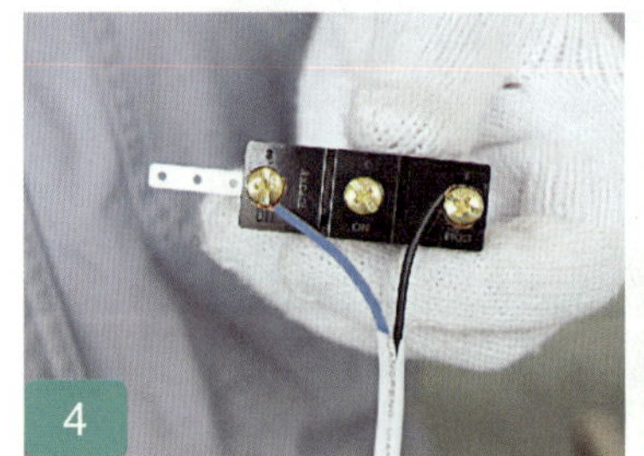
拧紧两个接线头

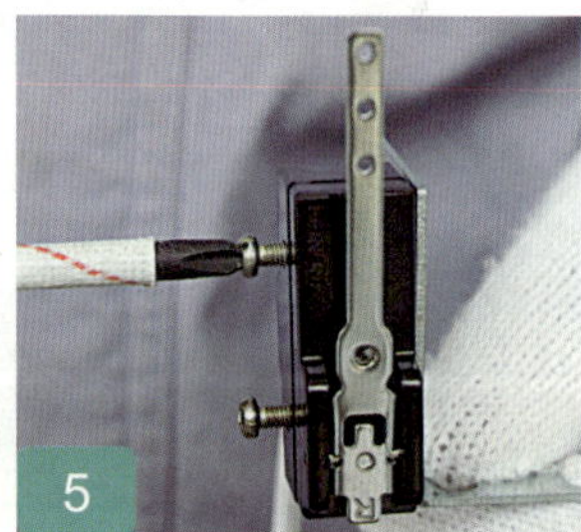
安装好固定架

在计量柜合适的位置定位

打孔

攻丝

注：打孔、攻丝应在挂表前完成。

清理碎屑

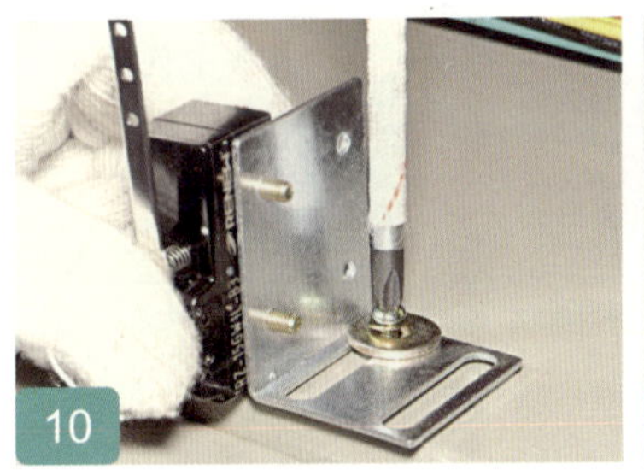

固定门接点开关

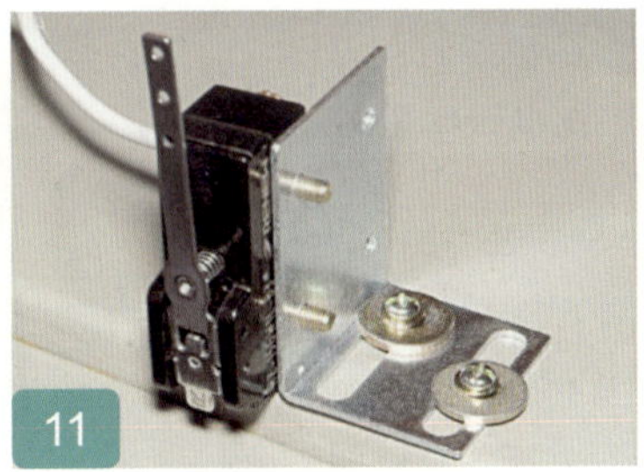

门接点开关固定完毕

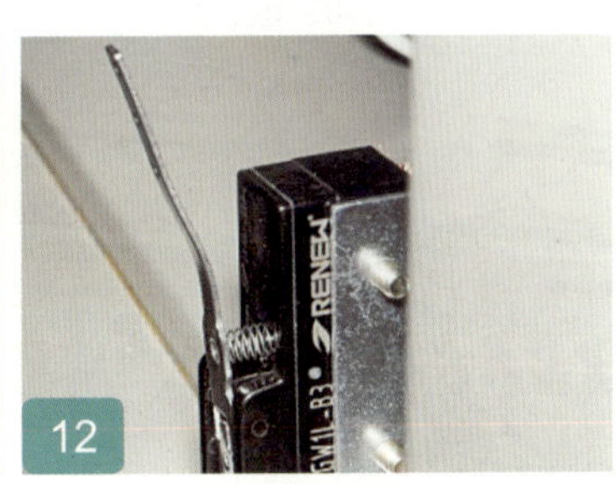

关闭柜门，观察开关是否动作

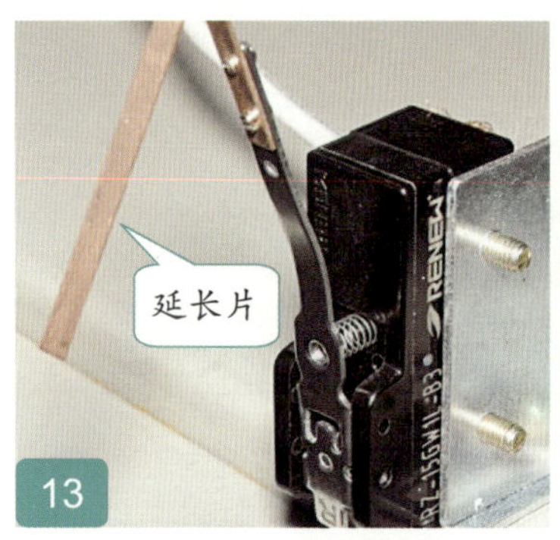

若关上柜门时，门接点开关不能正常动作，应加装延长片

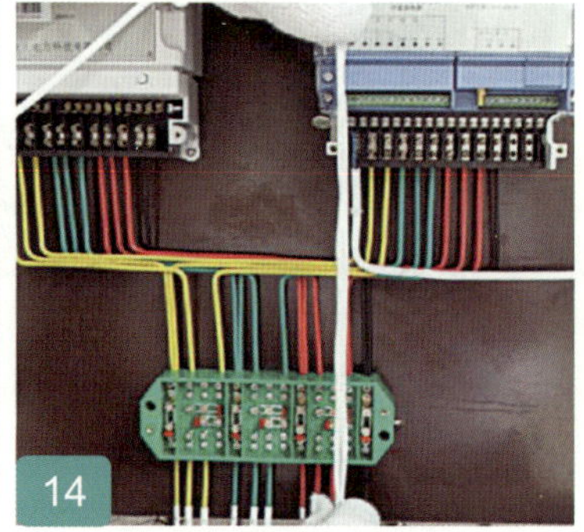

丈量门接线的长度

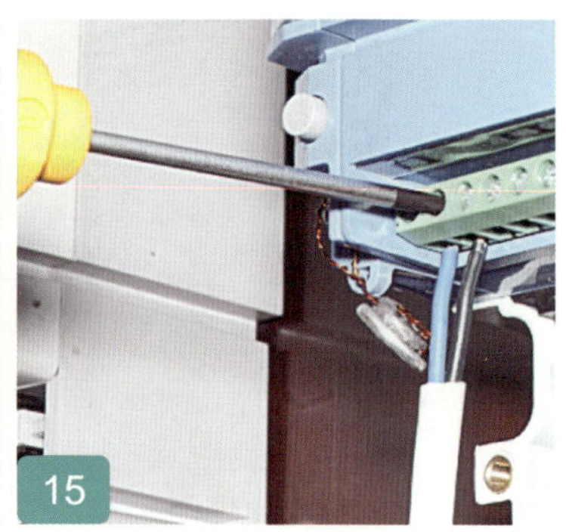

在终端相应端口接线

连接天线

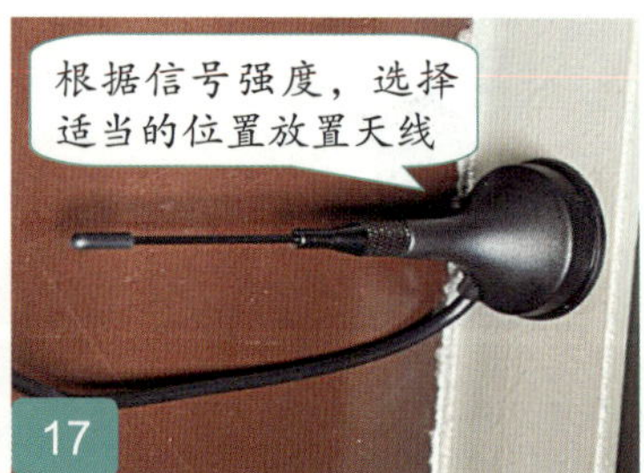

放置天线

整理天线

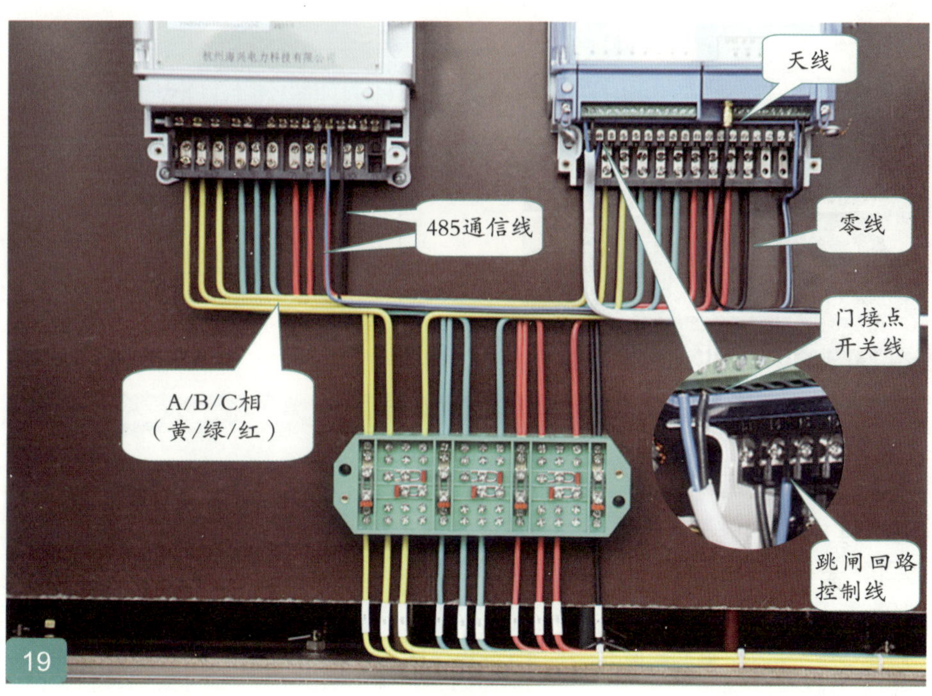

接线完毕

步骤4 检查接线

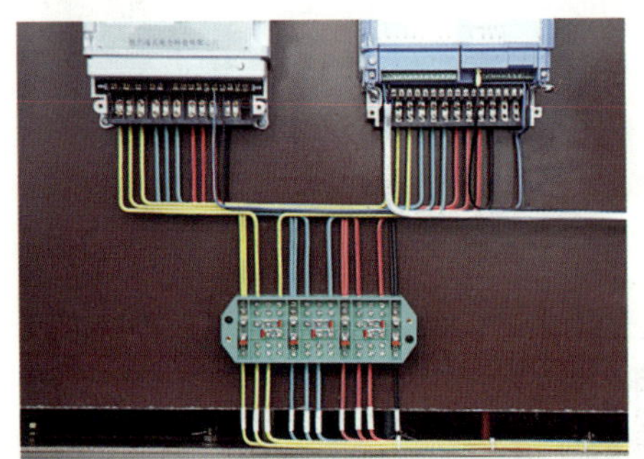

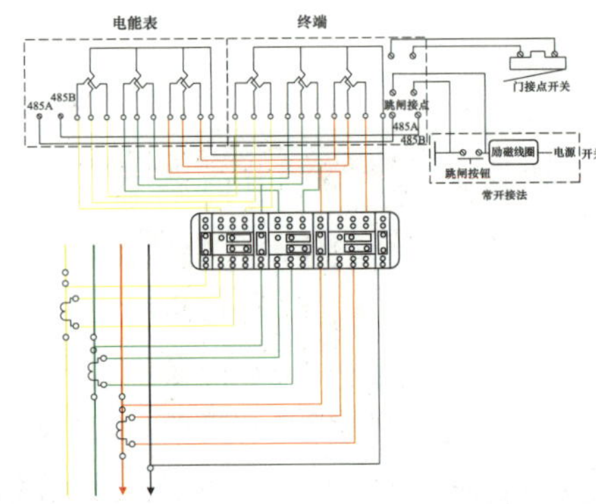

检查内容

√ 检查电能表、终端、互感器、接线盒接线是否正确、规范、牢固。

√ 检查接线盒电流、电压连接片是否在运行位置。

√ 检查连接互感器、电能表、接线盒的导线有无露铜现象，螺丝不能压导线绝缘层。

√ 检查所有紧固件是否拧紧。

√ 检查熔丝与整个二次计量回路情况，电压（高供高计）、电流互感器的极性端是否正确。

√ 检查终端天线是否拧紧。

检查完毕，未发现问题和错误，扎束导线，装上电能表、终端和接线盒罩壳。

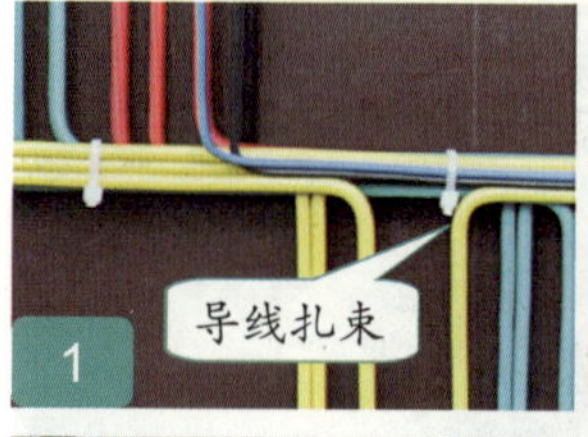

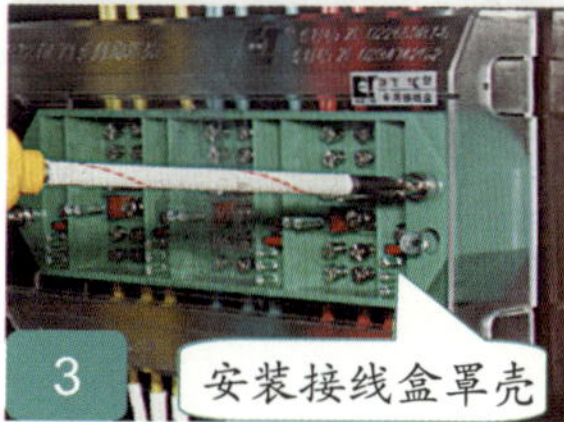

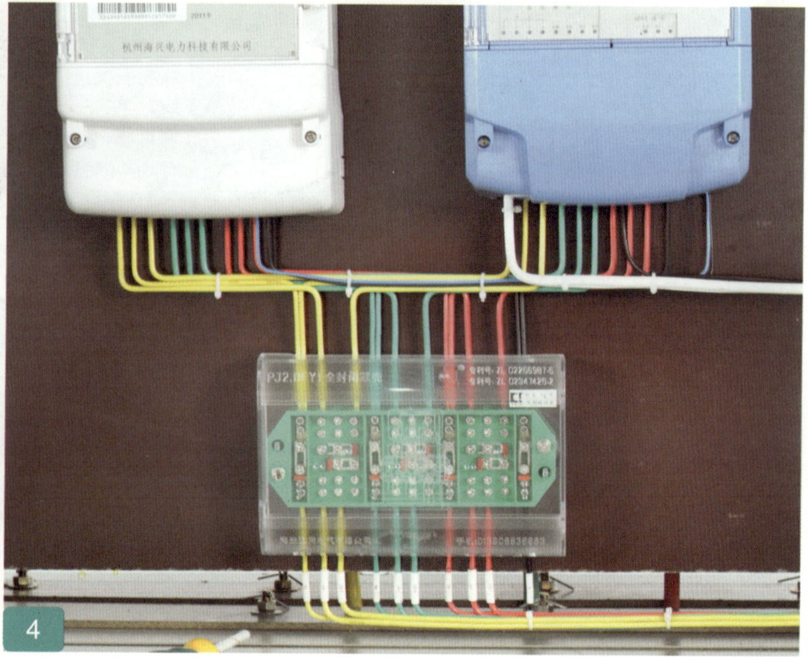

步骤5 计量柜内封印

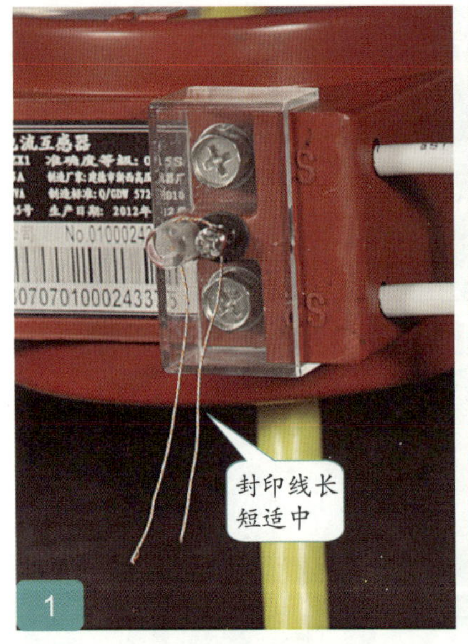

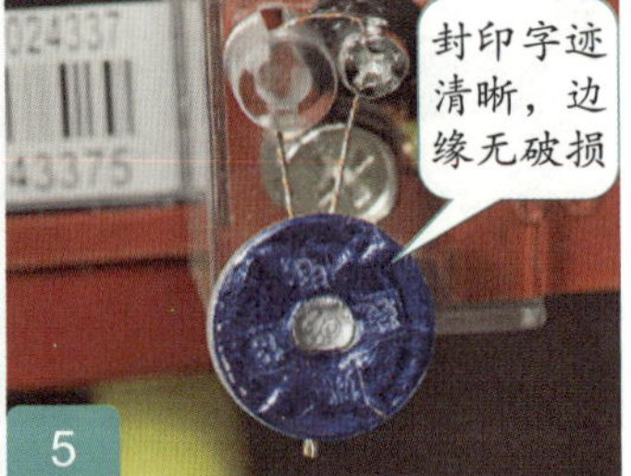

完成互感器所有封印

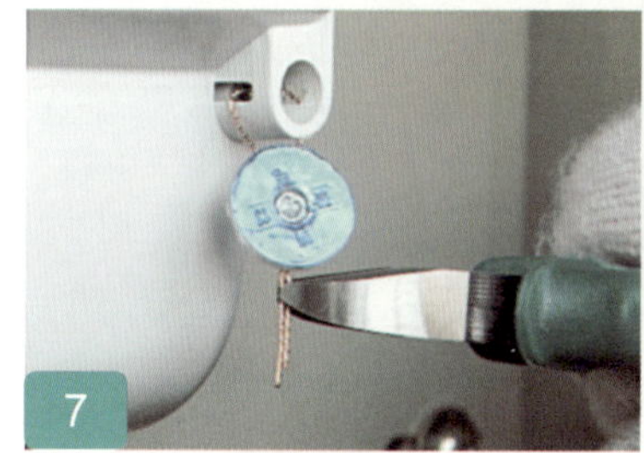

电能表封印

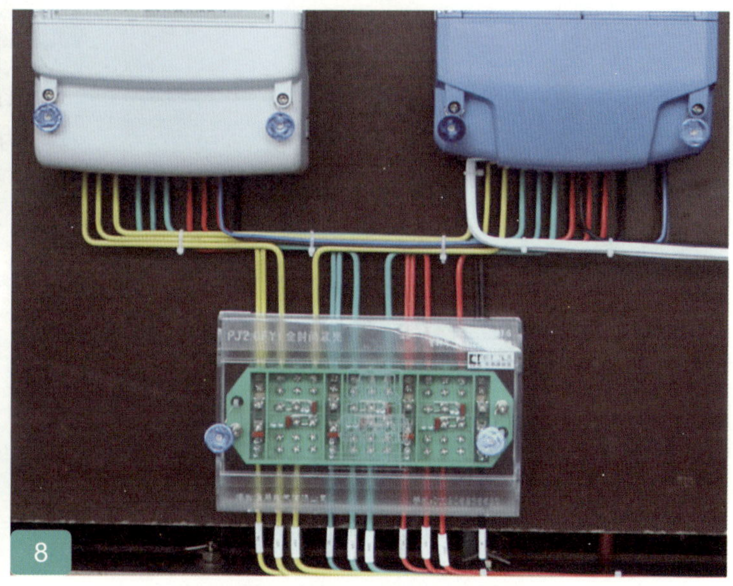

同样的方式封印终端和接线盒

注：严禁一个封印穿多个封印点。

步骤6　终结工作票

工作内容

现场作业结束，工作负责人填写工作票，办理工作票终结手续。

步骤7 送电后检查计量装置

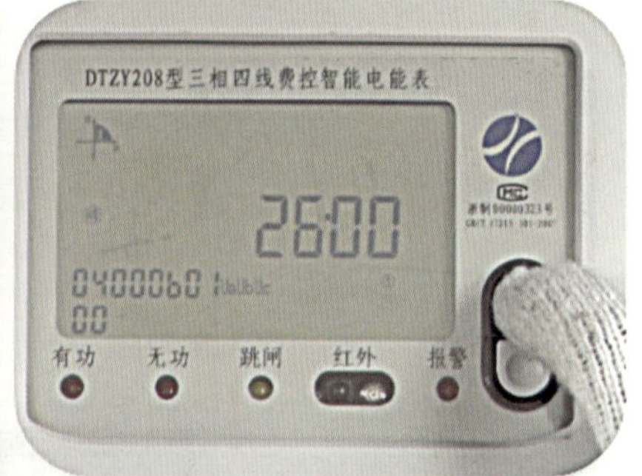

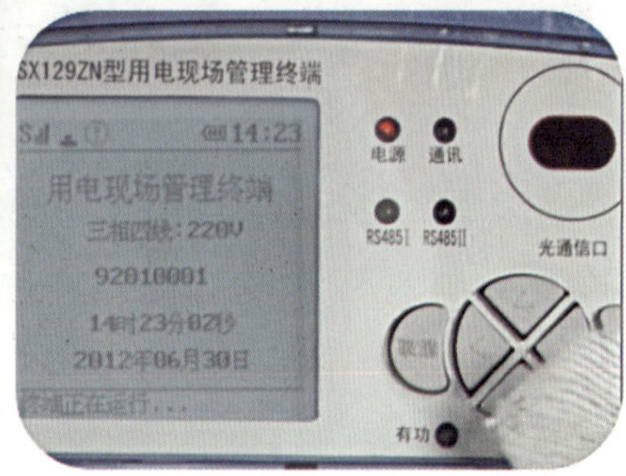

注意事项

√ 送电检查应根据不同类型的计量装置选择相应的工作票。

√ 检查电压、电流、相序、电能表起度、时间、时段、采集设备信号等是否正常。

步骤8 新装起度拍照

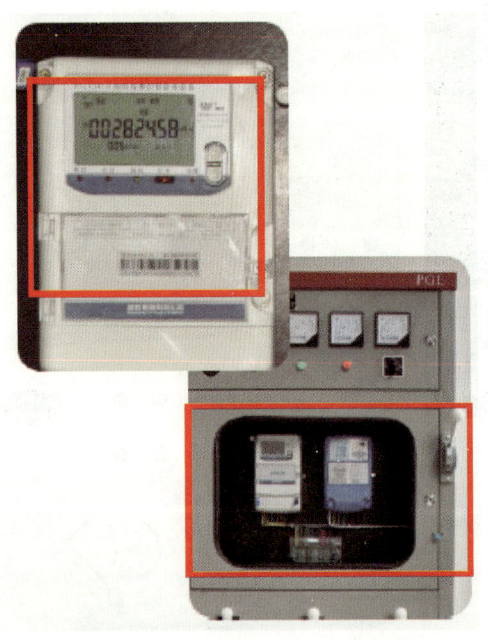

工作内容

用专业设备拍照记录相应信息。

√ 新装电能表起度、表号等。

√ 柜内计量设备封印信息。

√ 计量柜封印信息（计量柜封印后完成）。

步骤9 计量柜封印

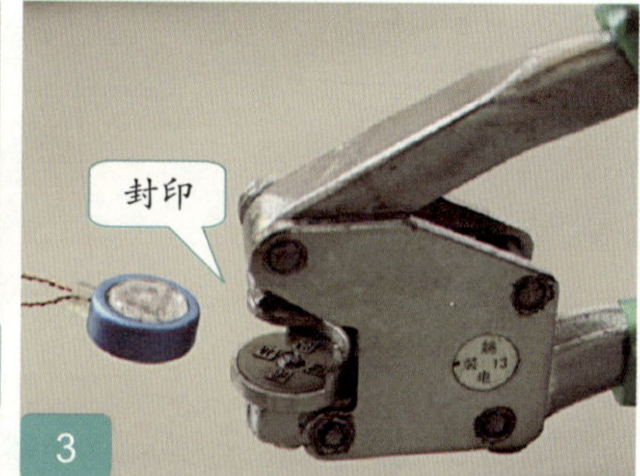

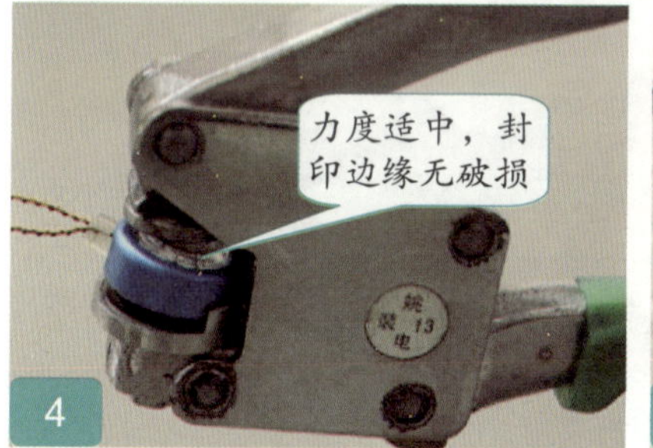

注意事项

√ 在封印柜门位置时，封印线需打结，防止计量柜门晃动导致封印松动。

步骤10　整理工具，清理场地

工作内容

安装完毕，工作人员整理工器具、材料，清理作业现场。

2. 经互感器接入式计量装置更换步骤

步骤1 电能表核对

1

核对旧表

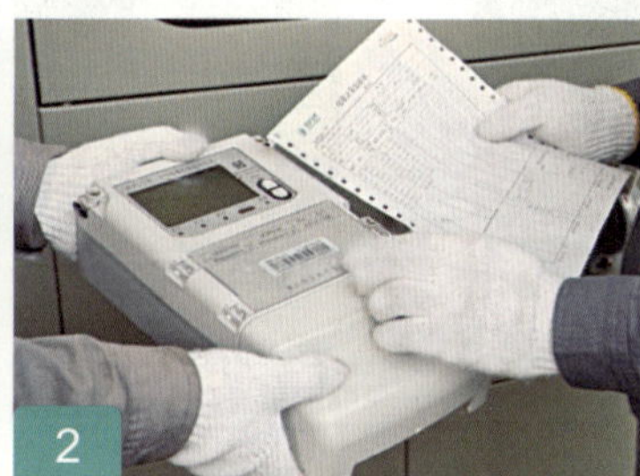

2

核对新表

3

检查封印是否完好

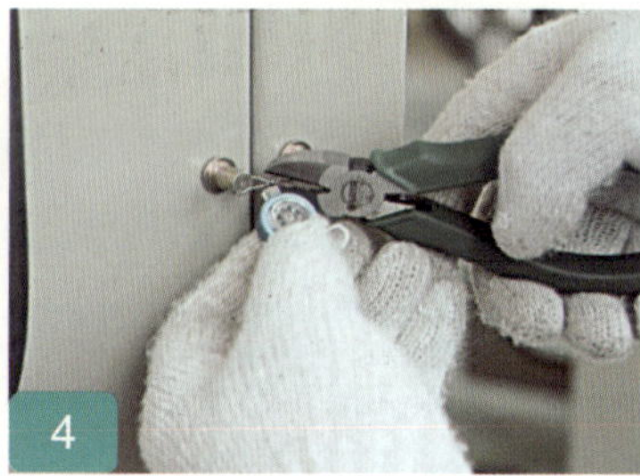

4

拆掉表柜封印

工作内容

- √ 按照《电能计量装接单》，现场核对户名、户号及新装电能计量器具的规格、资产编号等内容，检查外观是否完好。
- √ 检查电能表、终端显示是否正常。
- √ 拆除封印前要检查封印是否完好。

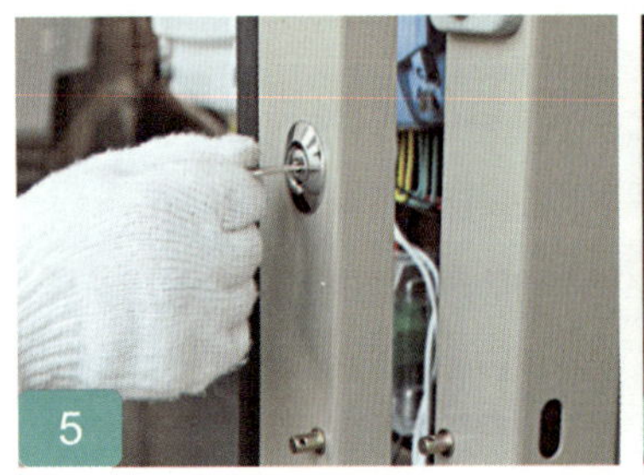
打开表柜

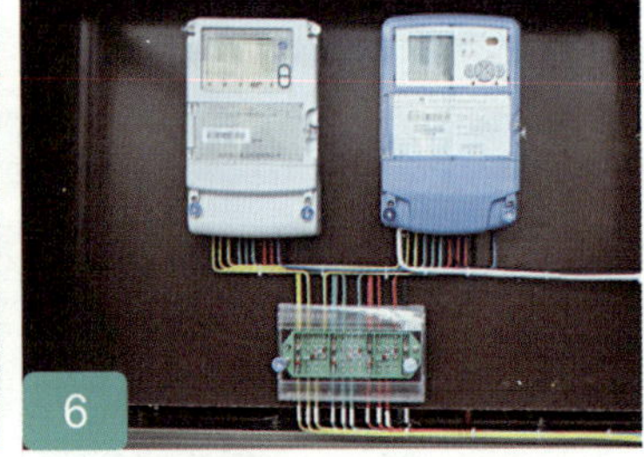
检查内部接线

拆掉接线盒上的封印

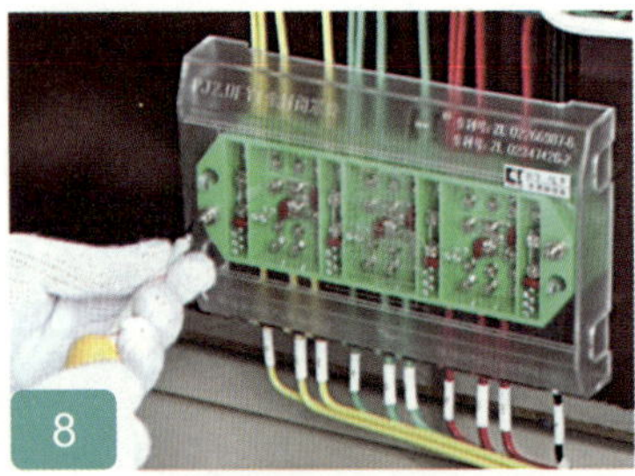
卸掉接线盒罩壳

工作内容

√ 打开计量柜（箱）门，对内部计量装置进行检查。

√ 检查互感器到接线盒、接线盒到电能表及终端的接线是否正确、完好。

√ 检查互感器、接线端子、端钮有否松动、发热及烧毁。

√ 如有异常，应立即向本岗位负责人汇报等候处理，在没有得到许可前应保护现场，不得擅自离开。

步骤2　短接电流上连接片

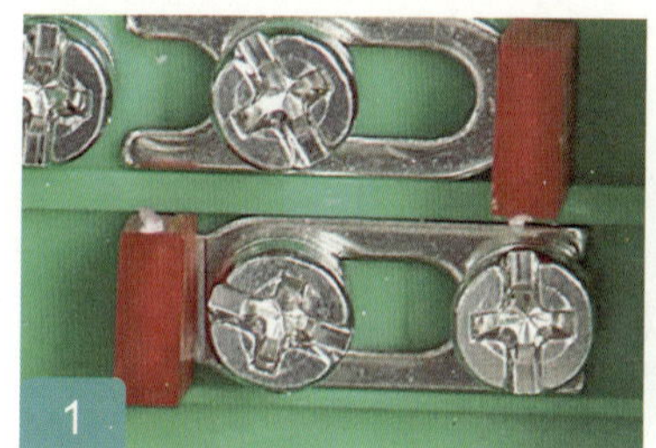

电流连接片工作状态

旋松上连接片上的螺丝

向左短接连接片，并旋紧螺丝

逐相短接电流上连接片，短接时作业人员应戴护目镜

步骤3　客户确认止度

客户确认止度

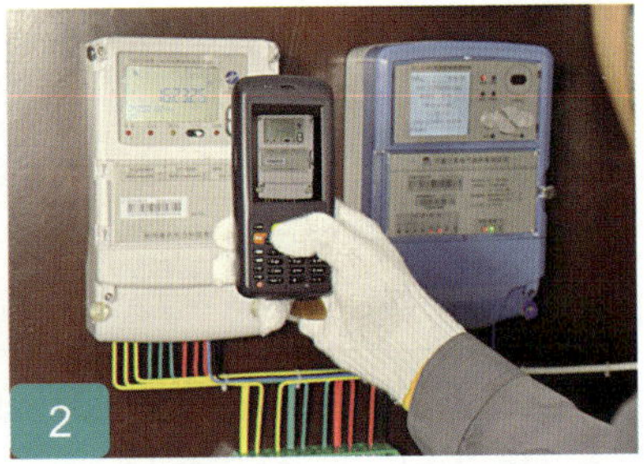

用专用设备拍照，保存电能表相关信息

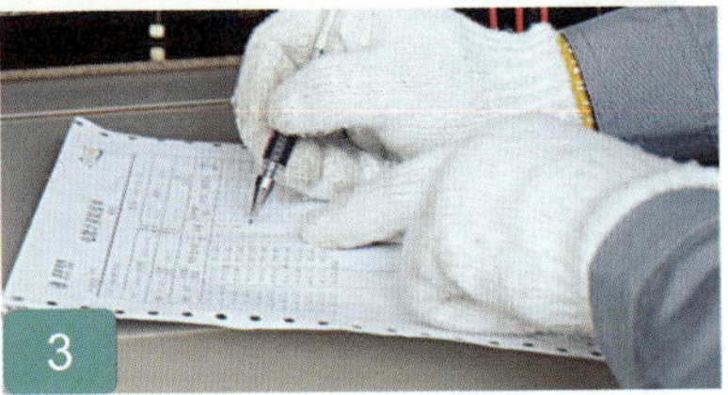

记录电能表旧表止度、拆表时间及用电负荷

步骤4 断开电压连接片

电压连接片工作状态

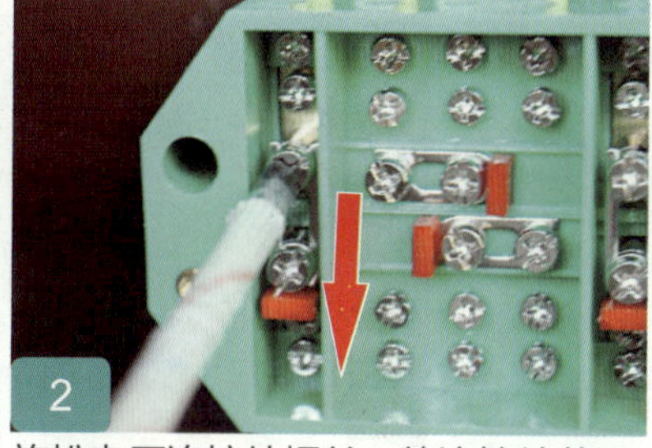
旋松电压连接片螺丝，使连接片落下

旋紧连接片下螺丝

逐相断开电压连接片

工作内容

√ 三相四线计量装置先逐相断开相线，后断开零线。

√ 三相三线计量装置先断开a、c相，再断开b相。

√ 断开电压连接片时，应戴护目镜。

步骤5 验电

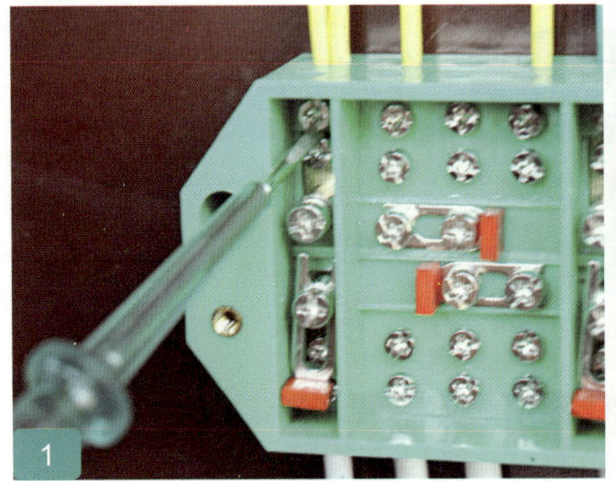

逐相检查接线盒电压连接片上部是否有电压

逐相检查接线盒上部各相电流是否接近于零

注意要点

√ 带电更换时，确认接线盒上部无电压，电流接近为零，方可拆除电能表。

√ 验电完毕，罩上接线盒罩壳，防止工作时误碰带电部位。

步骤6 拆除旧电能表

拆除电能表上的封印

卸下表盖

旋松电能表接线螺丝

旋松电能表固定螺丝

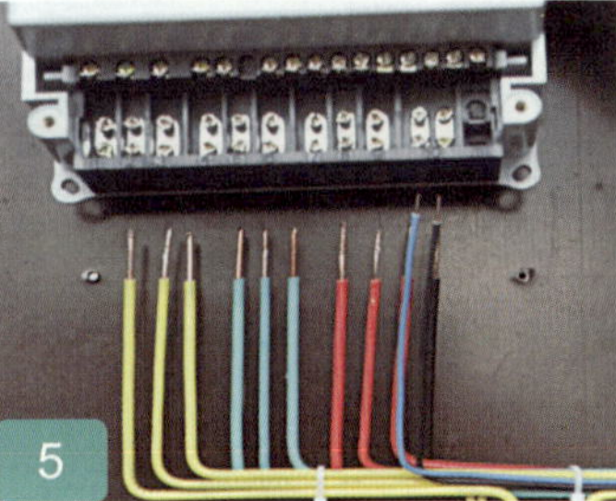

取出导线

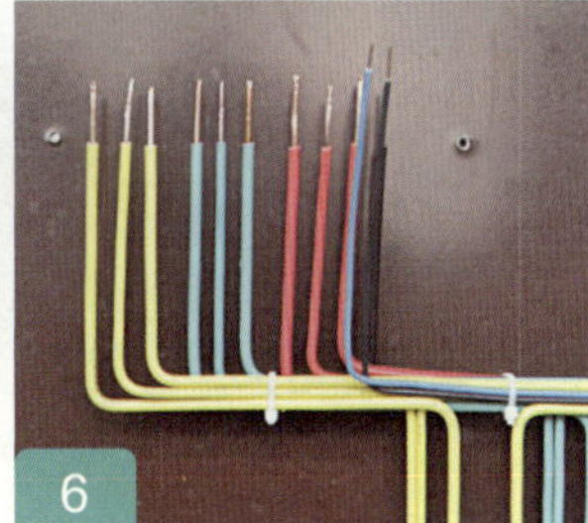

取下旧电能表

步骤7　新电能表接线

固定新电能表

根据表盖内接线图，将导线接入新电能表相应端口

固定导线，拧紧内外侧螺丝

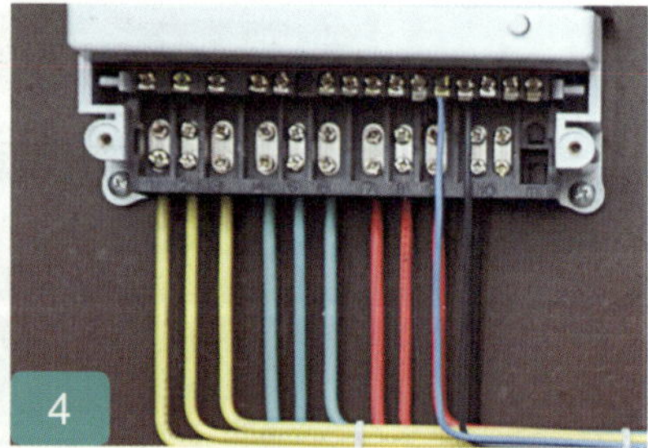
新电能表接线完成

步骤8　闭合电压连接片

旋松电压连接片下方螺丝

向上闭合连接片

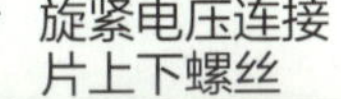
旋紧电压连接片上下螺丝

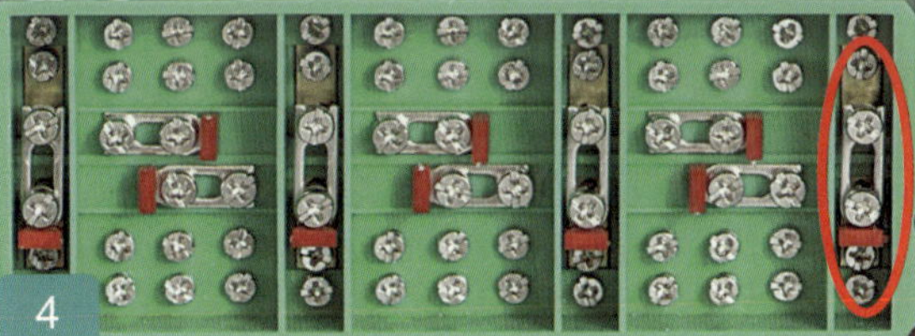

逐相闭合电压连接片

注意要点

√ 闭合电压连接片时,先闭合零线，再闭合相线。

√ 观察电能表、终端是否有显示，显示是否正确。

步骤9　断开电流上连接片

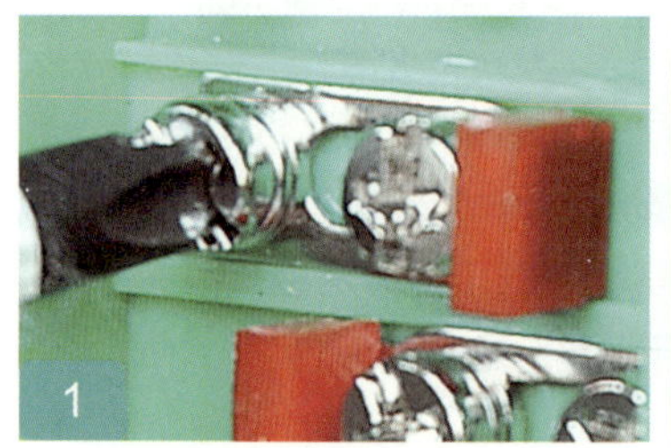

旋松上连接片螺丝

向右断开连接片

旋紧螺丝

注：逐相断开电流上连接片，并注意观察是否有火花产生。如有火花应迅速短接并检查接线。

步骤10 更换后检查

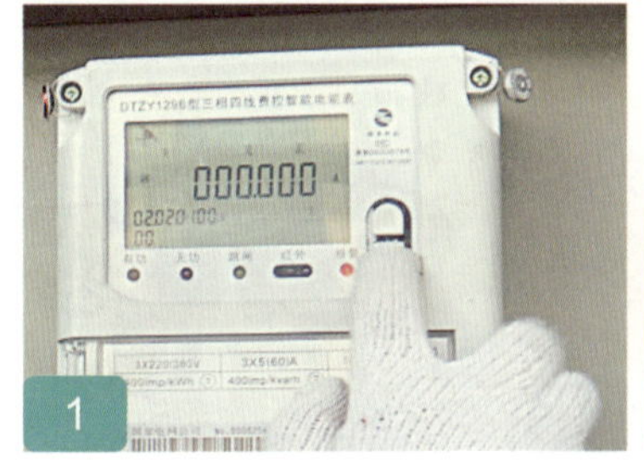
1
更换后检查

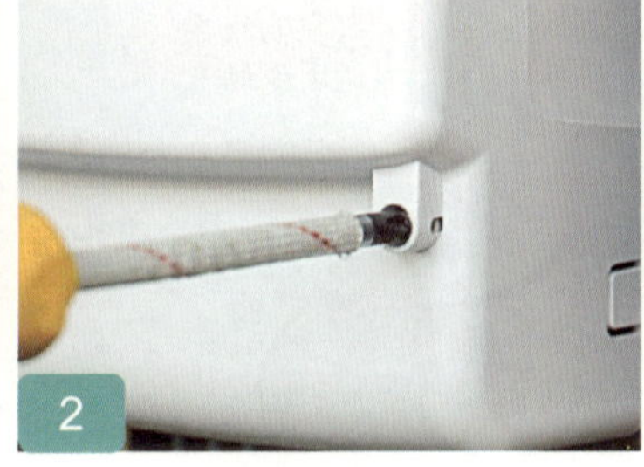
2
安装电能表表盖

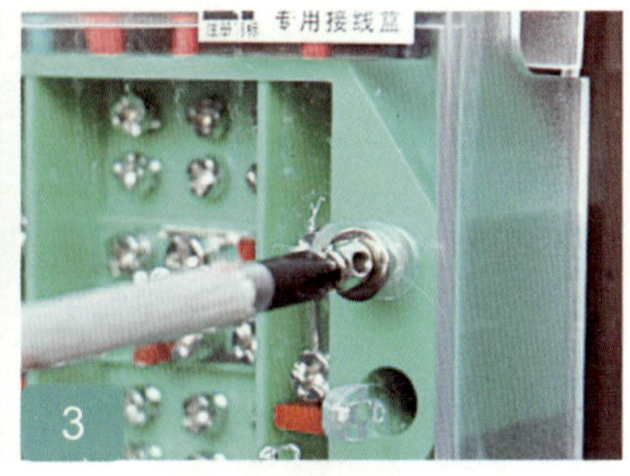

3
安装接线盒罩壳

工作内容

√ 记录电能表更换结束时间。
√ 检查接线是否正确。
√ 检查电压、电流、相序、电能表起度、时间、时段、采集设备信号等是否正常。

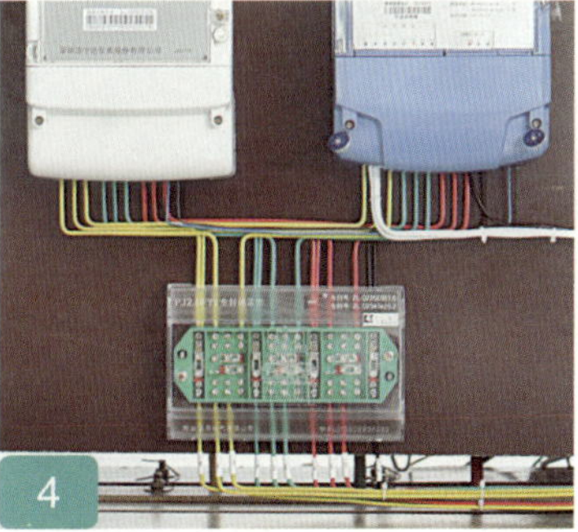
4

步骤11　计量装置封印

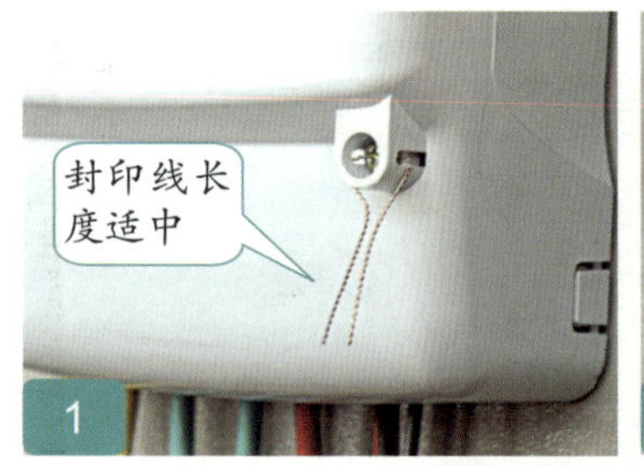

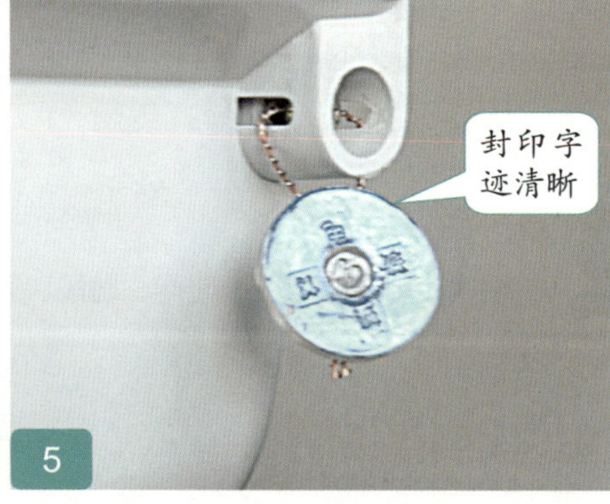

注：严禁一个封印穿多个封印点。

步骤12 计量箱（柜）封印

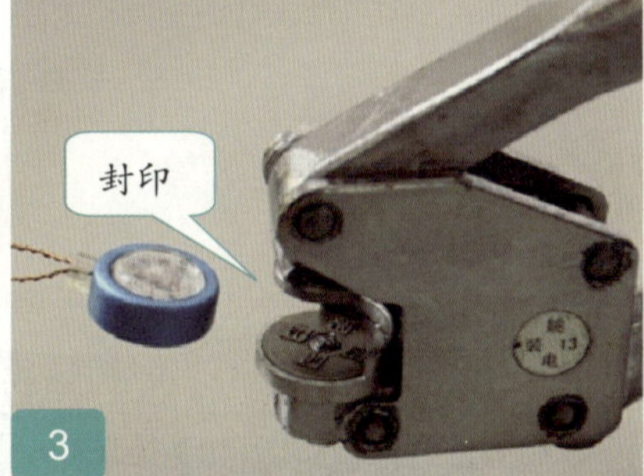

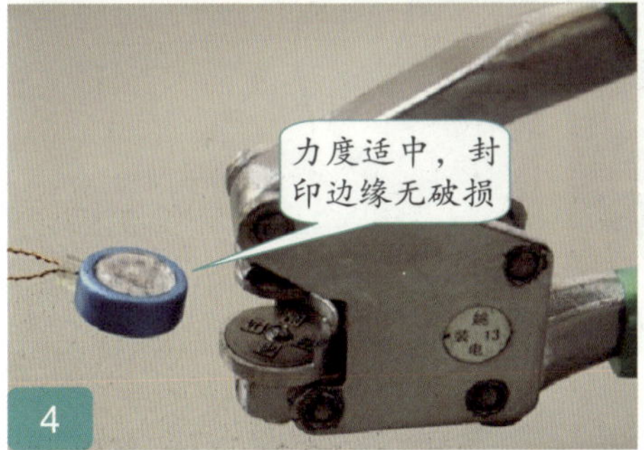

注意要点

√ 在封印柜门位置时，封印线需打结，防止计量柜门晃动导致封印松动。

√ 所有拆下的封印需回收。

步骤13 整理工具，清理场地

工作内容

安装完毕，工作人员整理工器具、材料，清理作业现场。

步骤14　终结工作票

工作内容

现场作业结束，工作负责人填写工作票，办理工作票终结手续。

3. 直接接入式计量装置新装步骤

步骤1 计量装置核对

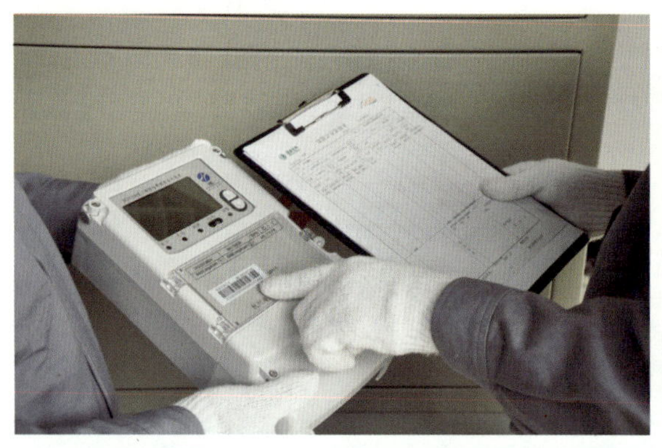

工作内容

√ 按照《电能计量装接单》，现场核对户名、户号及新装电能计量器具的规格、资产编号等内容，检查外观是否完好。

√ 打开柜门，检查预装好的设备、导线等是否符合标准。

步骤2 计量装置定位

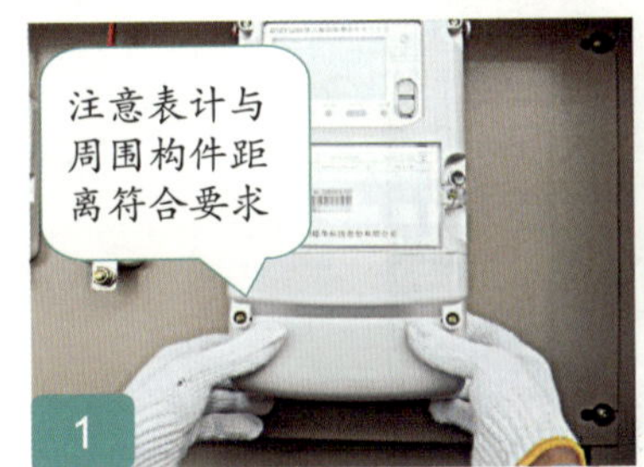

电能表定位

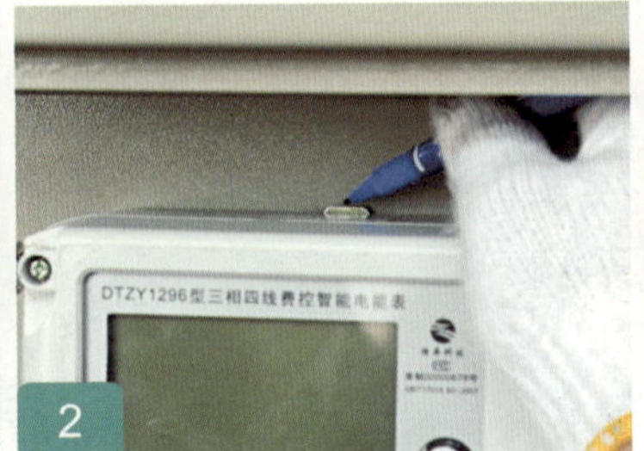

用油性笔标记位置

用手电钻在标记处打孔

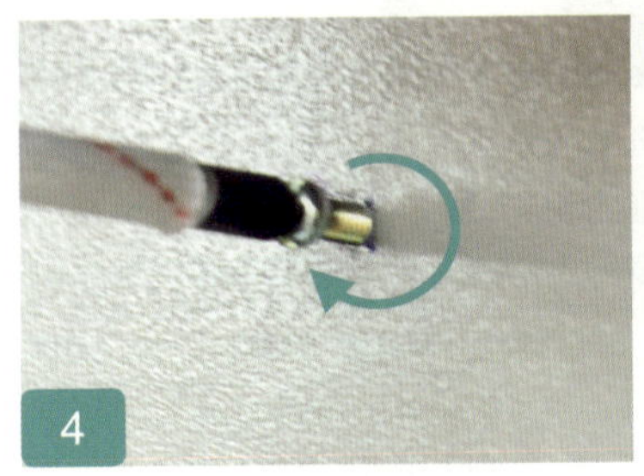

安装固定螺丝

挂装电能表

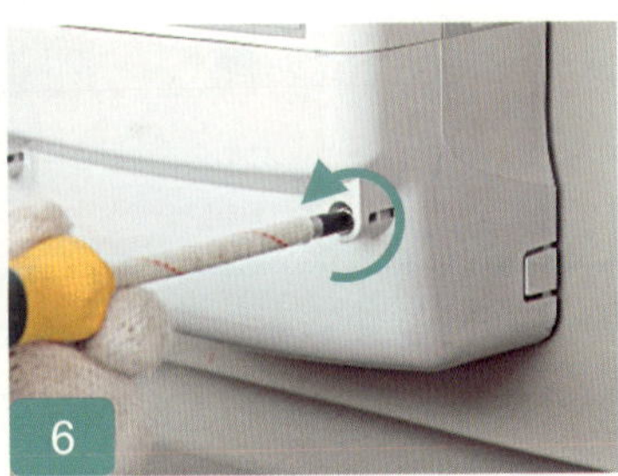

卸下表盖

测试万用表

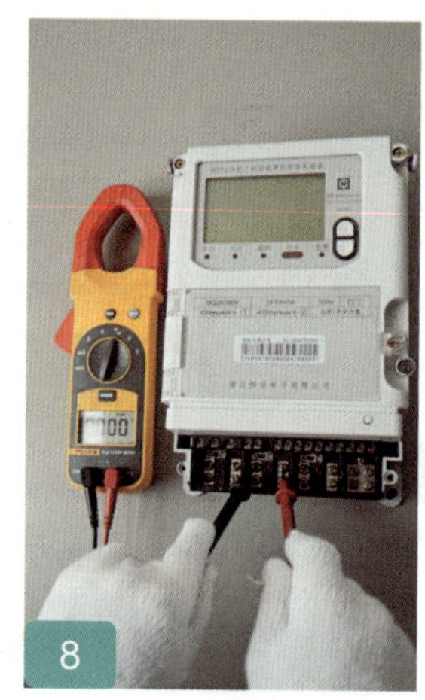

检查新电能表内
电流回路通断情况

工作内容

√ 将万用表挡位置于电阻挡后短路测试笔，查看电阻是否为“0”。

√ 检查新电能表电流回路通断情况，电阻应为“0”，如为无穷大，表示电流回路开路，不能安装。

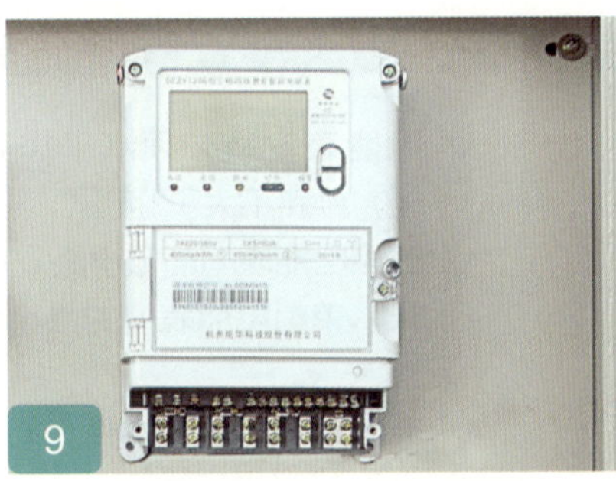

挂上电能表，并调整垂直

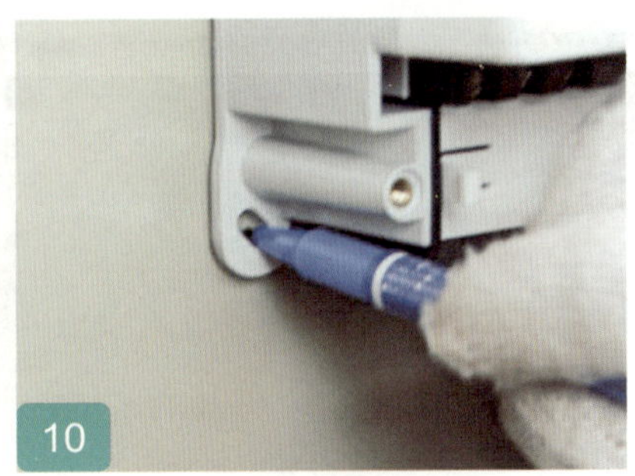

下角定位

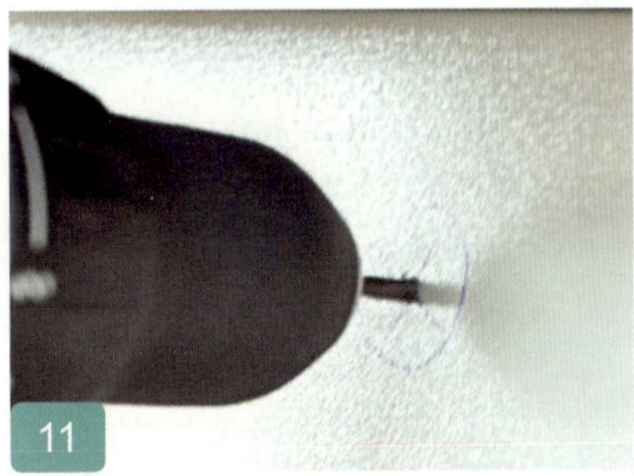

取下电能表，在标记处打孔

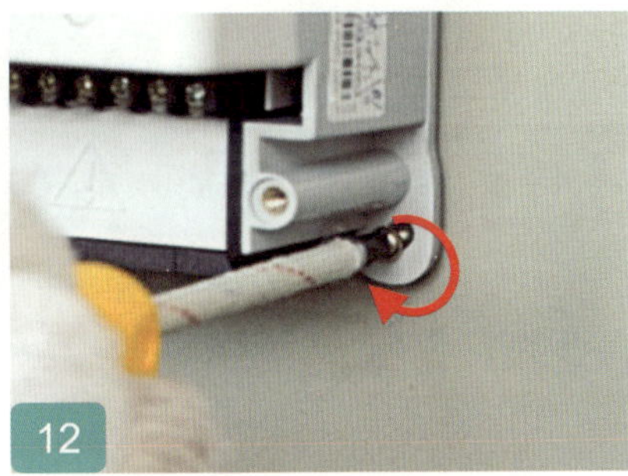

挂上电能表，拧紧固定螺丝

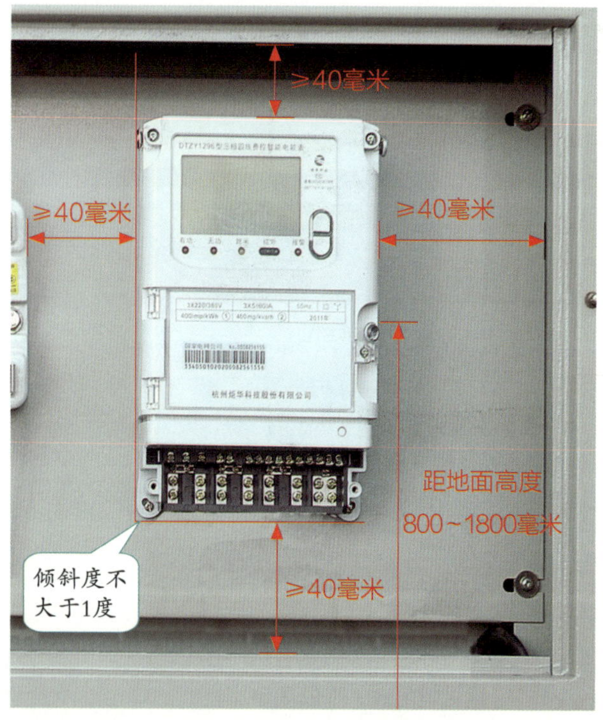

注意要点

√ 电能表安装必须水平排列、垂直牢固，倾斜不大于1度。

√ 三相电能表间的最小距离应大于80毫米，单相电能表间的最小距离应大于30毫米。

√ 电能表与周围结构件之间的距离不应小于40毫米。

√ 电能表宜装在距地面800~1800毫米的高度。

安全注意要点

√ 电动工具的金属外壳必须可靠接地，并装有剩余电流动作保护器，禁止将临时电源线裸露插入插座中或裸露挂钩在电源开关上。

注：建议使用直流式充电电钻。

步骤3　布线

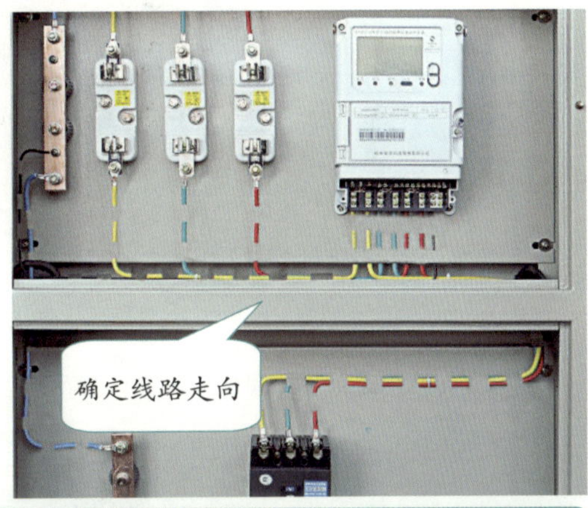

工作内容

√ 按规范要求选取相应型号规格的导线。

√ 绝缘导线表面应光滑、色泽均匀，无扭结、断股、断芯，绝缘层无破损。

√ 确定线路走向（首先考虑安全距离，其次考虑工艺美观）。

步骤4　零线接线

预估零线长度

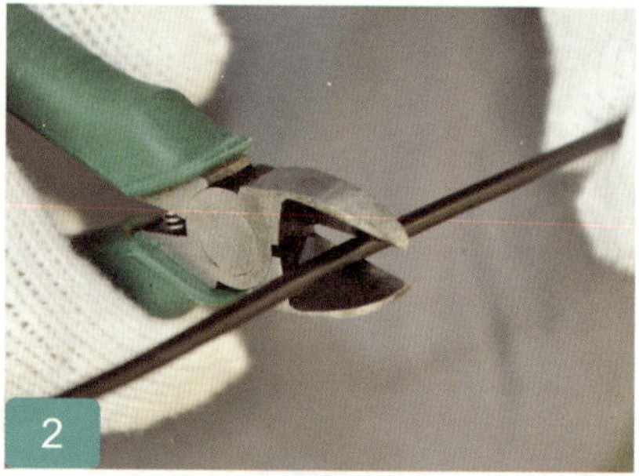

截取零线

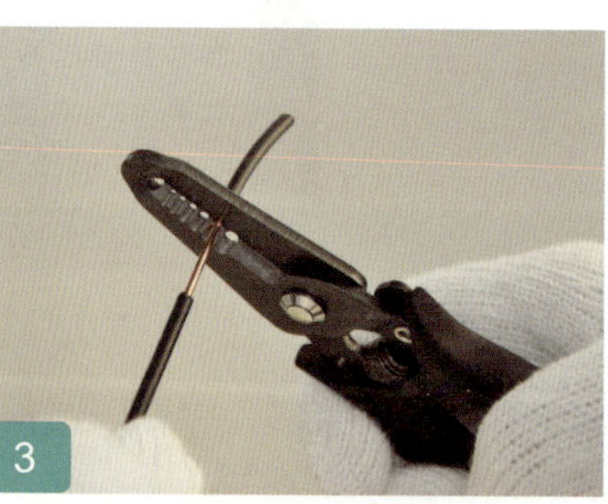

剥线

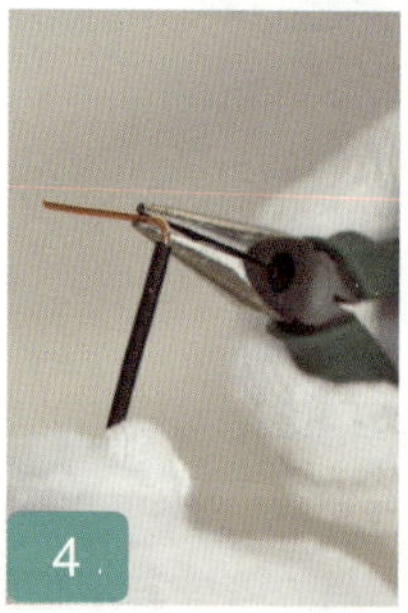

折弯，做头

孔径与螺栓大小一致

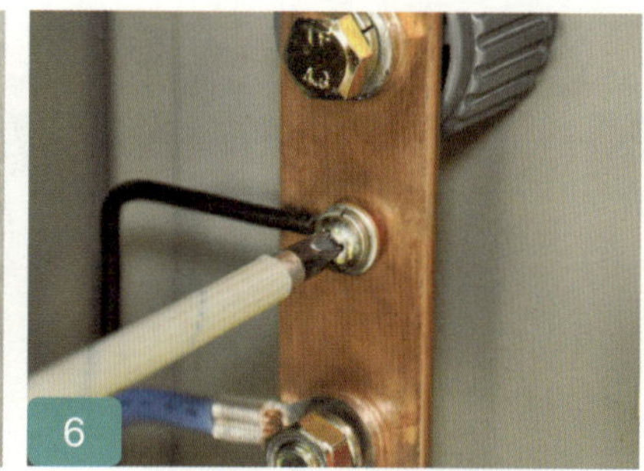

将零线固定在零排上

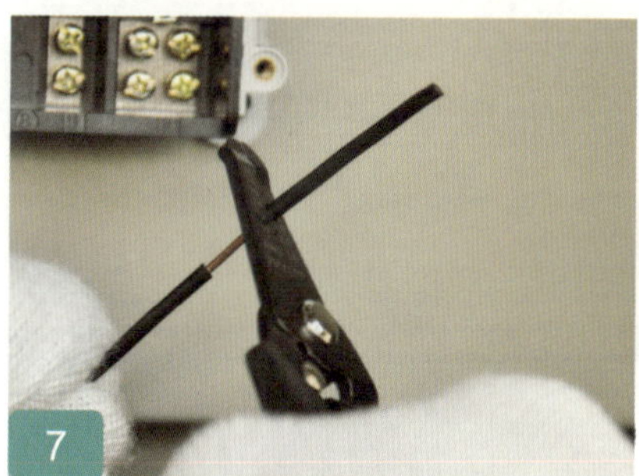

电能表端零线剥线

零线电能表端接线

9

零线接线完毕

步骤5　进线侧相线接线

1
预估进线长度

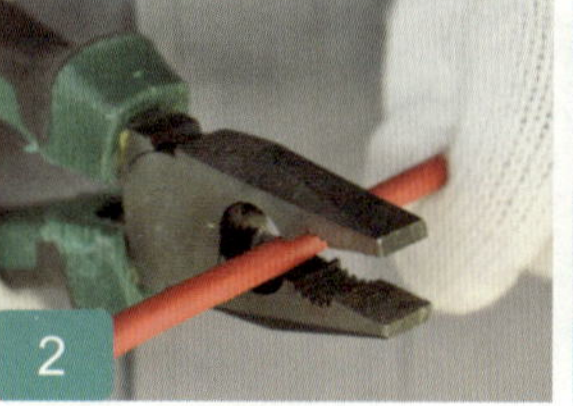
2
截取

3
剥线

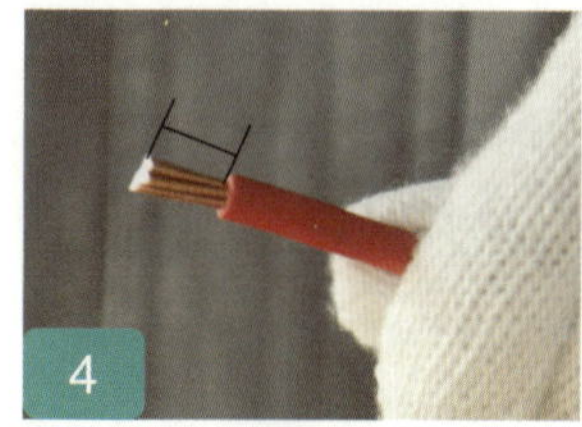
4
根据铜压接端子确定长度

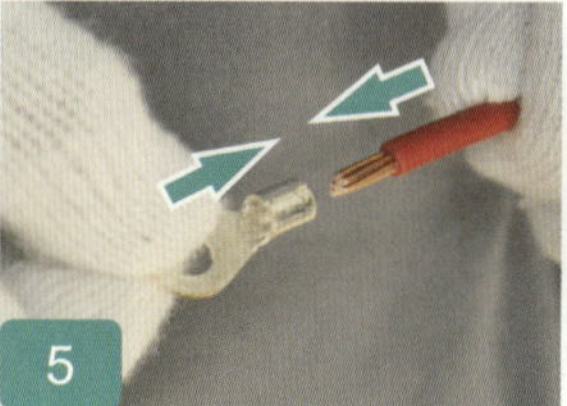
5
导线线头放入铜压接端头压接部位须到底

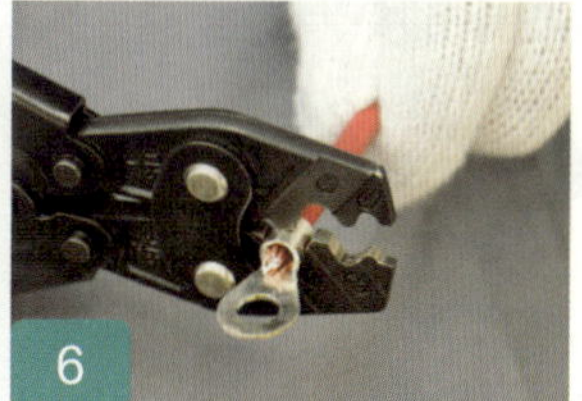
6
压接固定

注意要点

√ 剥线必须用专业工具，按实际需要截取导线；剥线时刀口朝外，不要冲人，不要剥伤线芯。

√ 压接钳压接的范围为铜压接端头压接部位，禁止将导线绝缘层压入端头内。

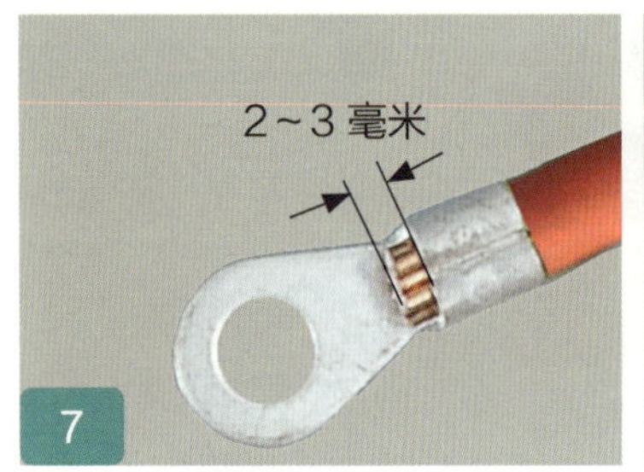

接线头制作完成

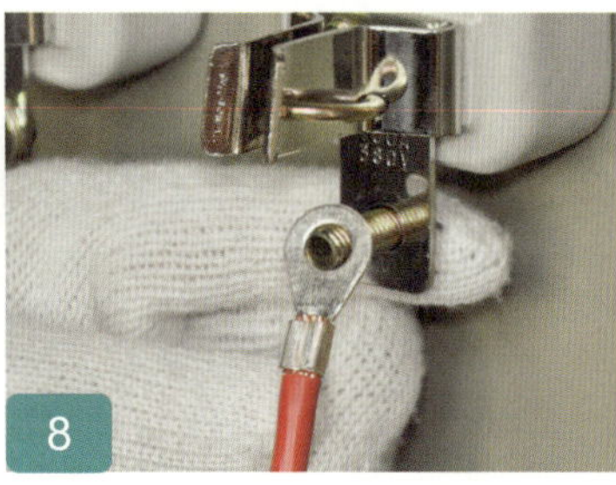

将接线头放入螺栓

放上垫片、弹簧垫圈、螺帽

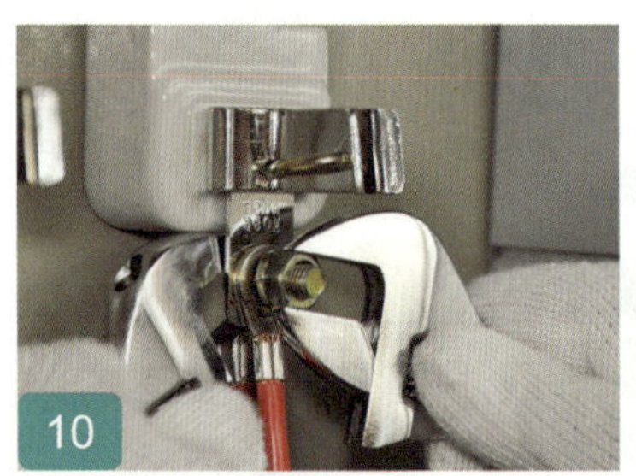

旋紧螺帽

预估导线长度

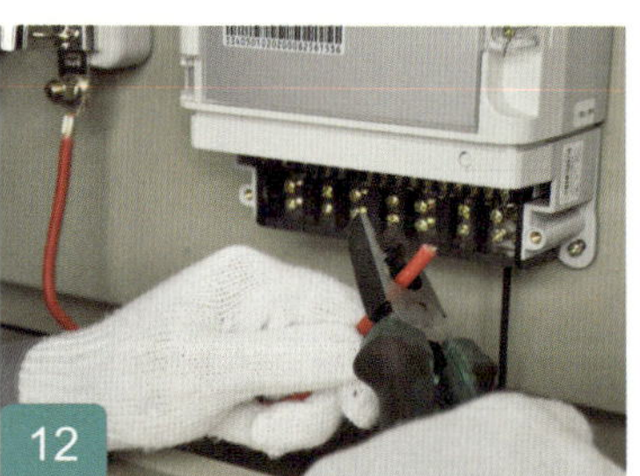

截去多余导线

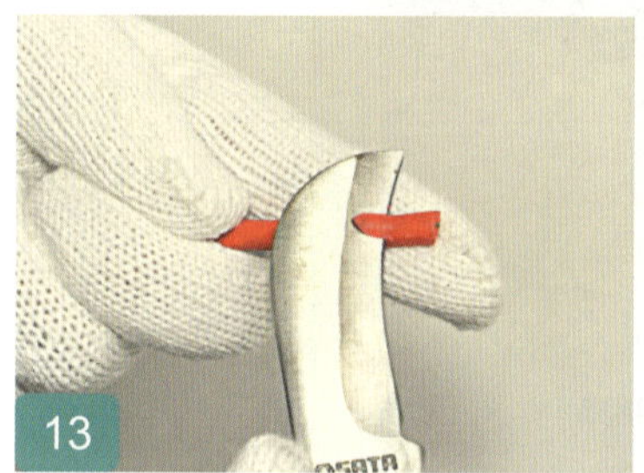
13

剥线

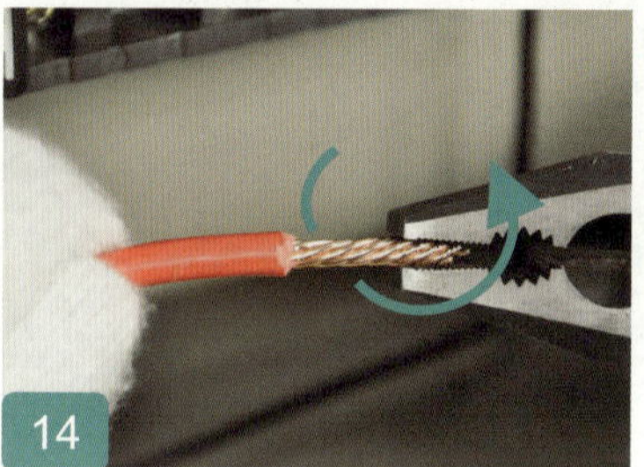
14

按导线自身方向旋紧线束

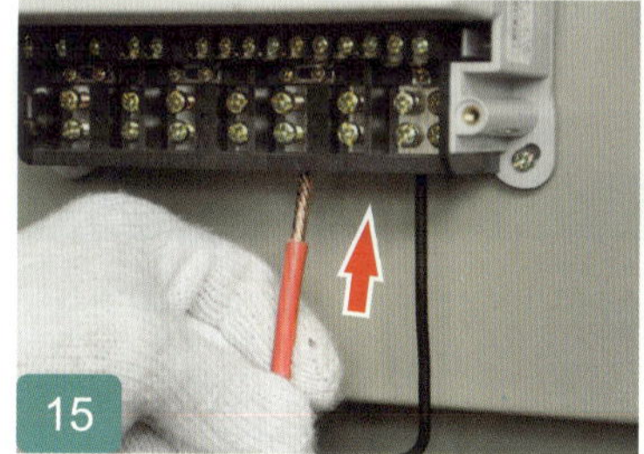
15

插入导线

16

拧紧螺丝

注意要点

√ 电能表每个接线端子只能连接一根导线。

√ 直接接入式电能表如选择的导线过粗时，应采用断股后再接入电能表端钮盒的方式。

√ 剥线时，应用力均匀，不损伤线芯。

完成其余相电能表进线接线

注意要点

√ 当导线直径小于接线端子孔径较多时，应在接入导线上加扎线后再接入。

√ 接入的导线不得有露铜现象，螺丝不得压在导线绝缘层上。

√ 确定电压线圈取样连接片位置正确、螺丝拧紧。

步骤6 电能表出线侧接线

预估出线长度

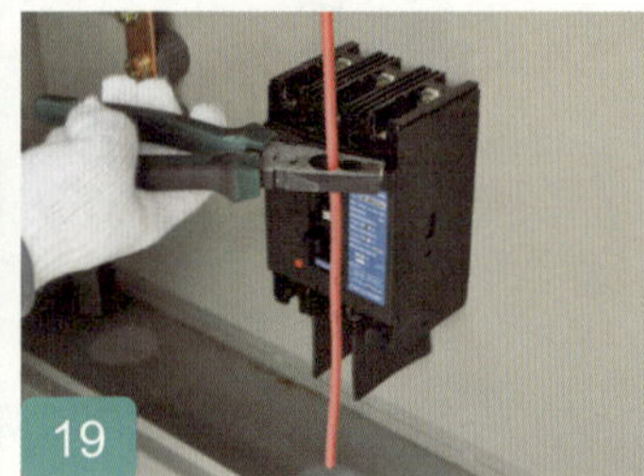

截取导线

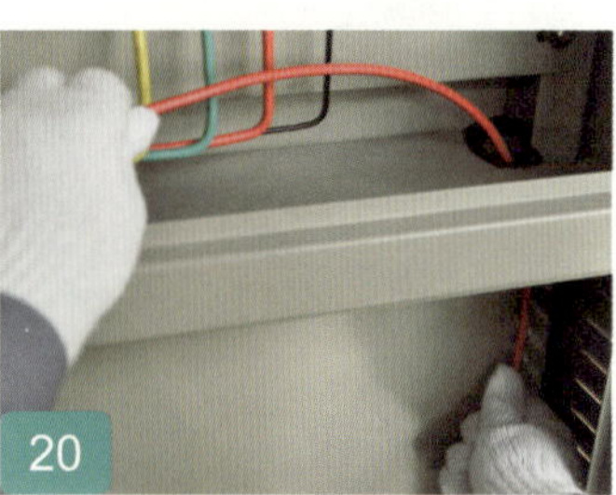

敷设导线

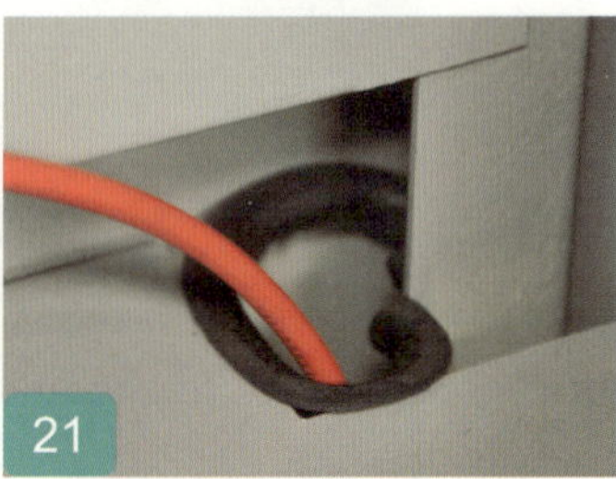

线束在穿越金属板孔时，应在金属板孔上套置与孔径一致的橡胶保护圈

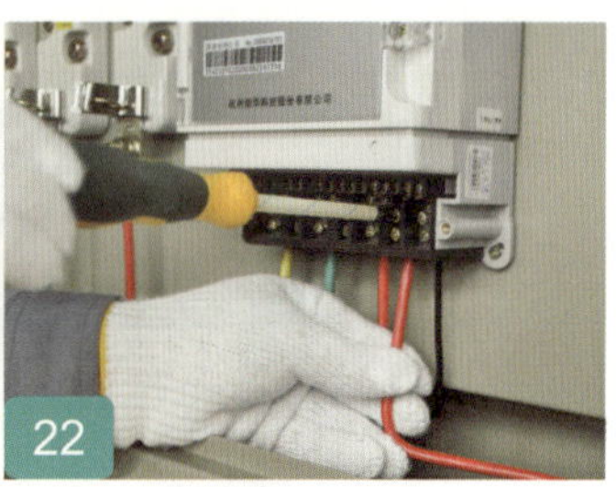

剥线并接线

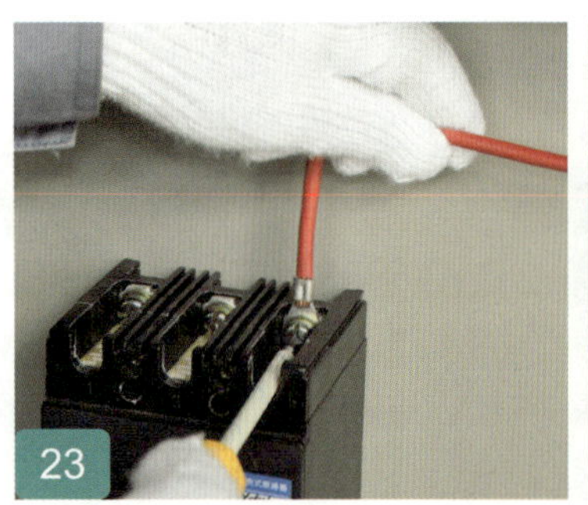

同样的方式制作接线头并接线

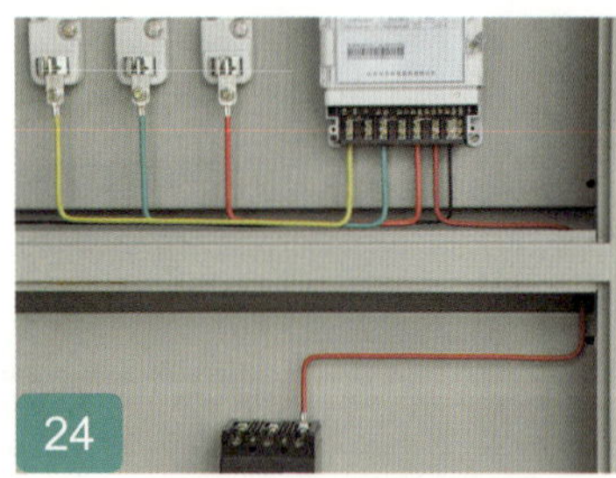

C相出线接线完毕

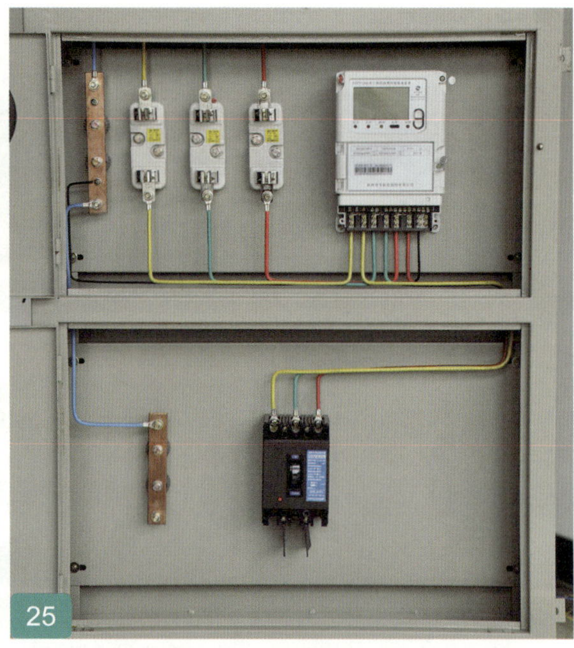

以同样的方式完成其他相出线接线

接入采集设备的485通信线

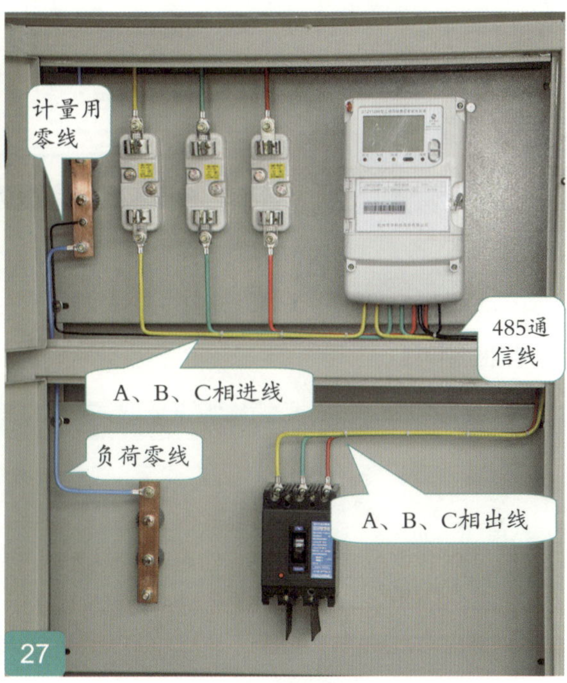

扎束导线

注意要点

√ 导线排列顺序应按正相序（即黄、绿、红色线为自左向右或自上向下）排列。

√ 线束要用塑料线夹或塑料捆扎带固定，不允许有晃动现象。

步骤7 检查接线

逐相检查接线

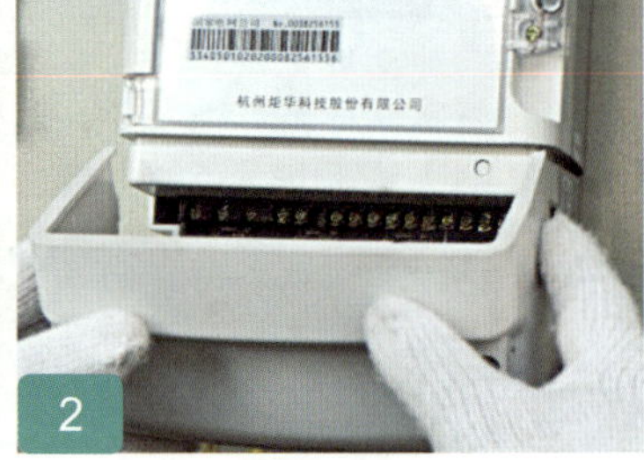

安装表盖

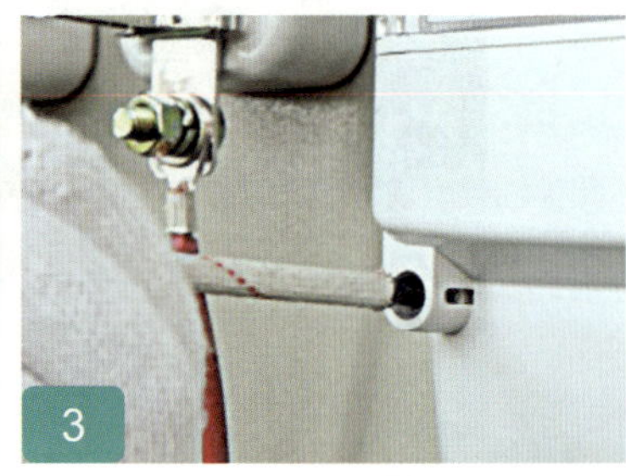

固定表盖

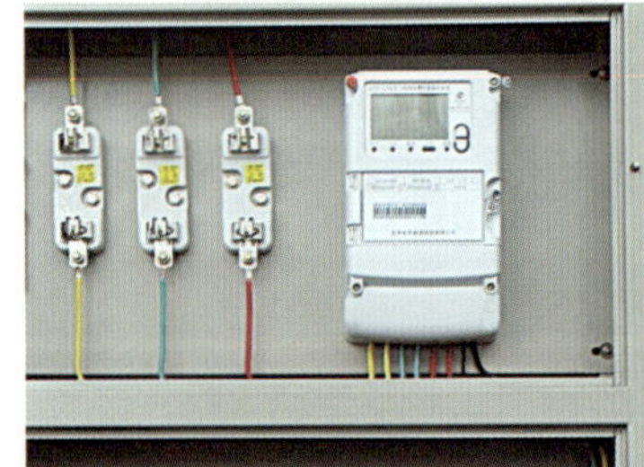

注意要点

工作完毕后，工作人员应对所有安装的电能计量装置进行逐项检查：

√ 检查电能表接线安装是否正确、规范、牢固。

√ 检查所有紧固件是否拧紧。

√ 检查完毕，未发现问题和错误，装上电能表表盖。

步骤8 电能表封印

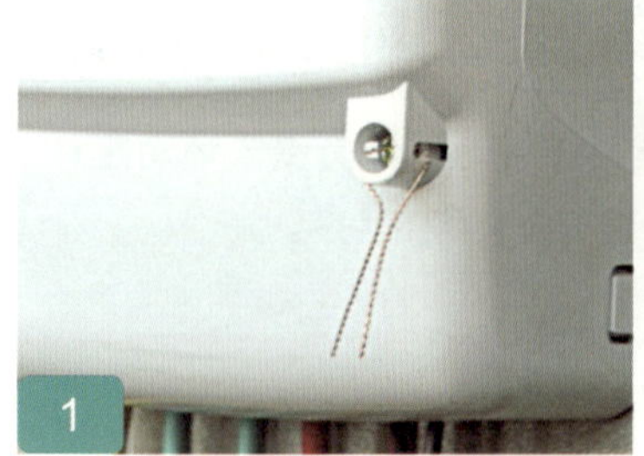

截取适当长度的封印线

穿线

用封印钳压制封印

剪去多余的封印线

完成封印并记录

注意要点

封印螺丝以不可转出为准，封印用的铜线长短适中。

步骤9 终结施工作业票

工作内容

现场作业结束，工作负责人填写工作票，办理工作票终结手续。

步骤10 送电后检查计量装置

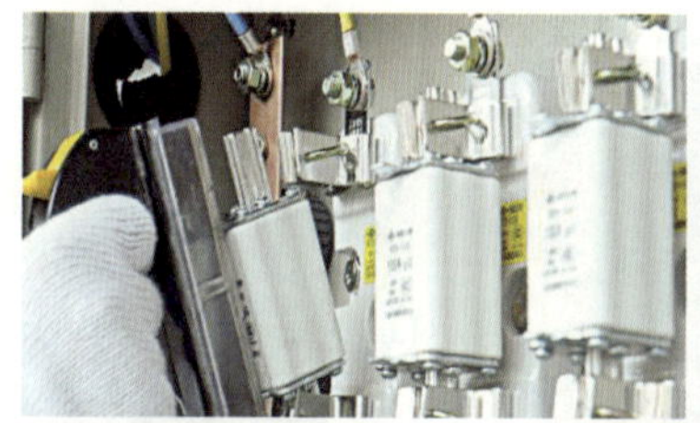

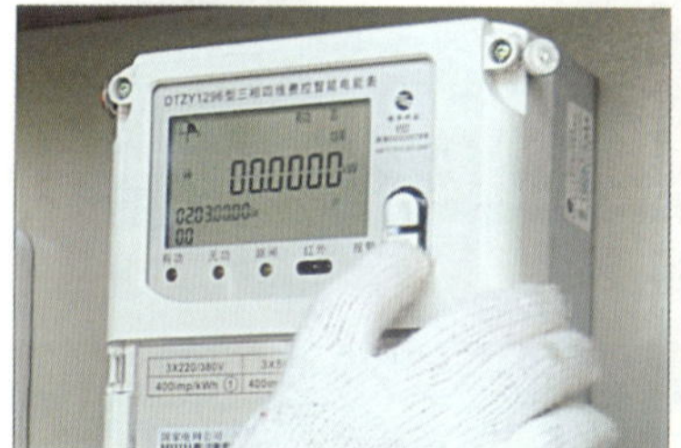

注意要点

√ 送电时应戴低压绝缘手套、护目镜。

√ 检查电压、电流、相序、电能表起度、时间、时段、采集设备信号等是否正常。

步骤11 新装起度拍照

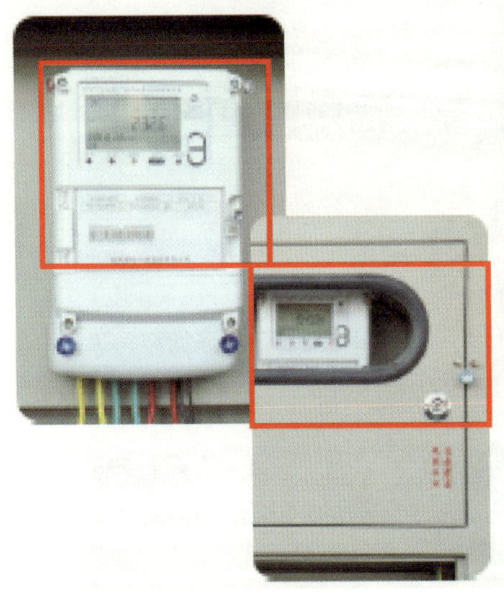

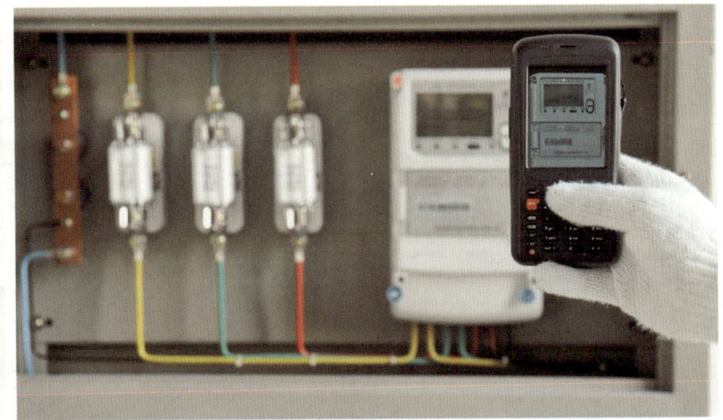

工作内容

用专业设备拍照记录相应信息：

√ 新装电能表起度、表号等。

√ 柜内计量设备封印信息。

√ 计量柜封印信息（计量柜封印后完成）。

步骤12 表箱封印

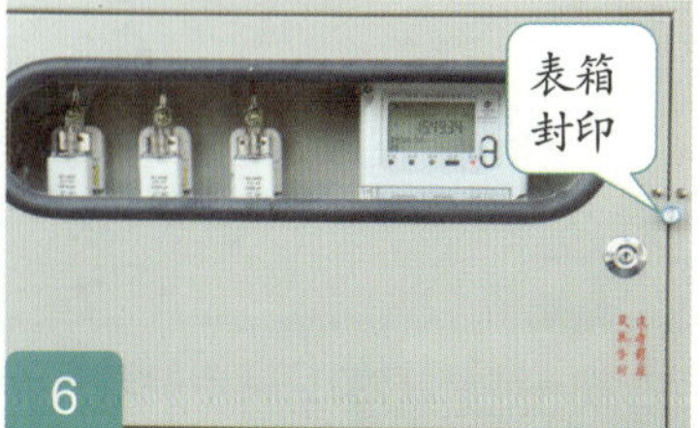

工作内容

√ 对表箱进行封印，将封印信息记录在《电能计量装接单》中。

√ 在封印柜门位置时，封印线需打结，防止计量柜门晃动导致封印松动。

4. 直接接入式计量装置更换步骤

步骤1 核对和检查待拆与待装计量装置

检查待拆电能表有无异常

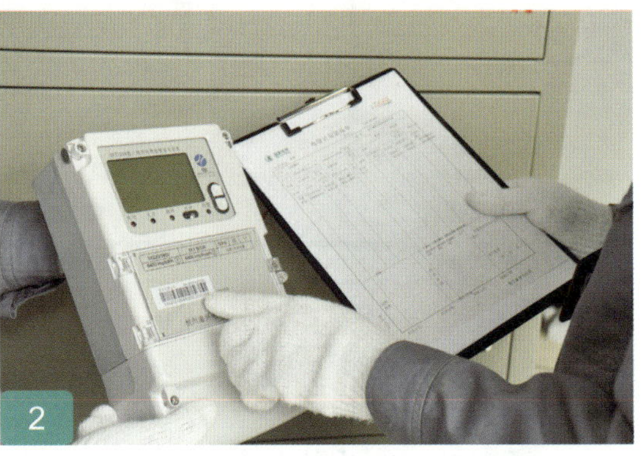
核对待装电能表

工作内容

按照《电能计量装接单》，现场核对户名、户号及待拆与待装电能计量器具的规格、资产编号等内容，检查外观是否完好。

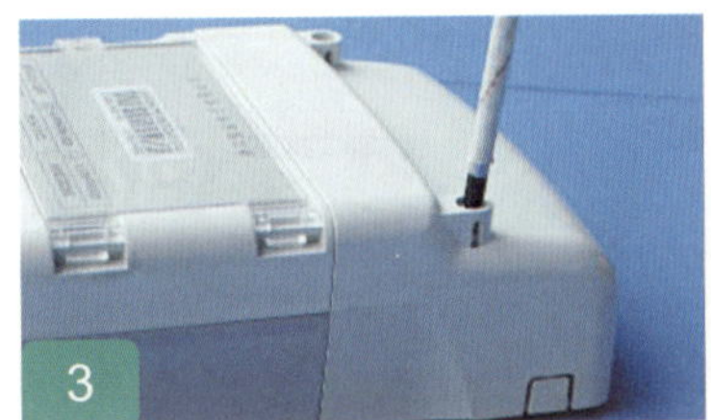
3
打开表盖

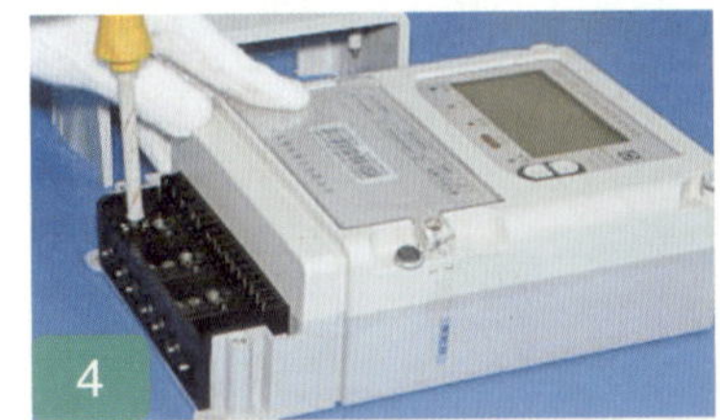
4
旋松接线螺丝

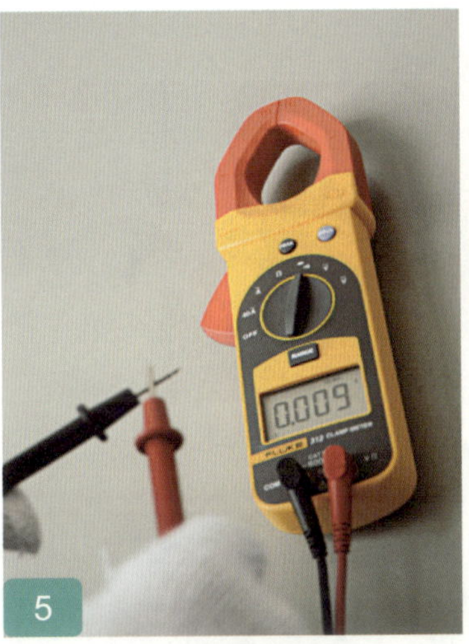
5
测试万用表

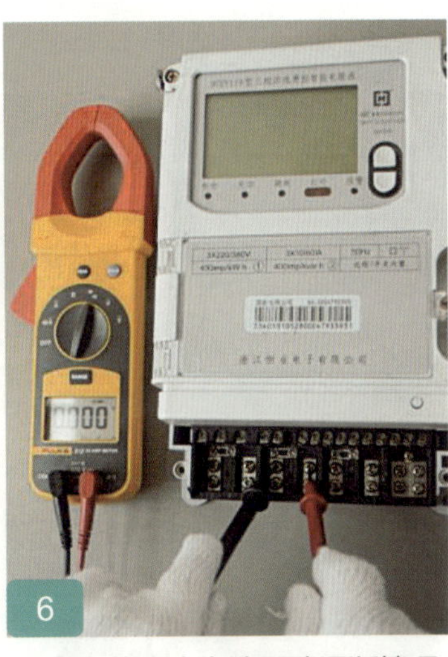
6
检查电能表内电流回路通断情况

注意要点

√ 将万用表挡位置于电阻挡后短路测试笔,查看电阻是否为“0”。

√ 检查电能表电流回路通断情况，电阻应为“0”，如为无穷大，表示电流回路开路，不能安装。

步骤2 用户确认止度

检查表柜封印

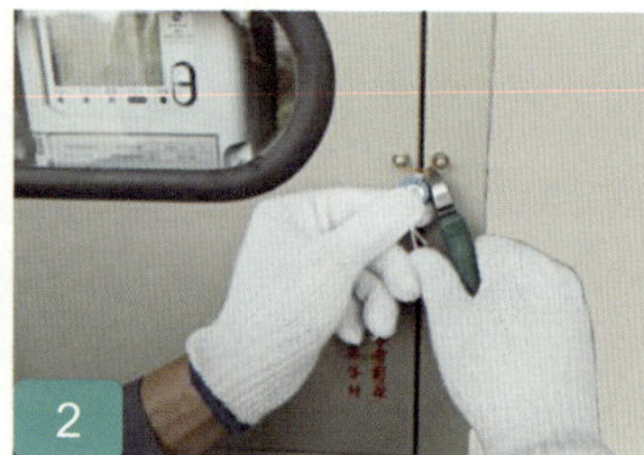
拆除表柜封印

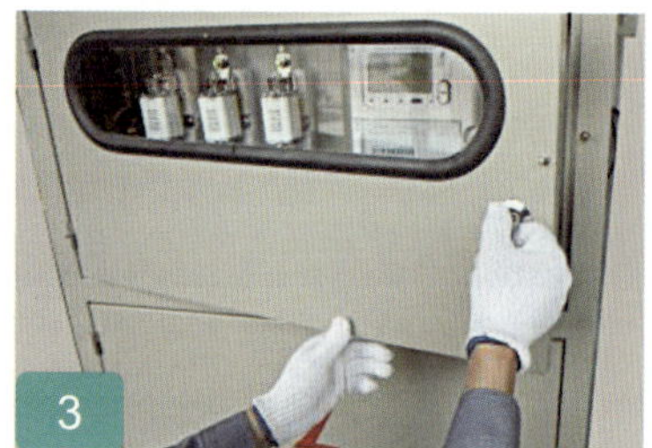
打开表柜柜门

断开负荷侧开关

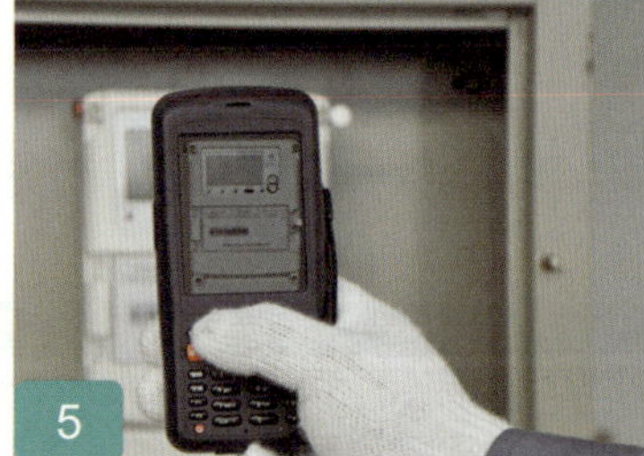
用专业设备拍照记录电能表相关信息

请客户确认止度，并记录开始换表时间以及负荷

步骤3 停电、验电

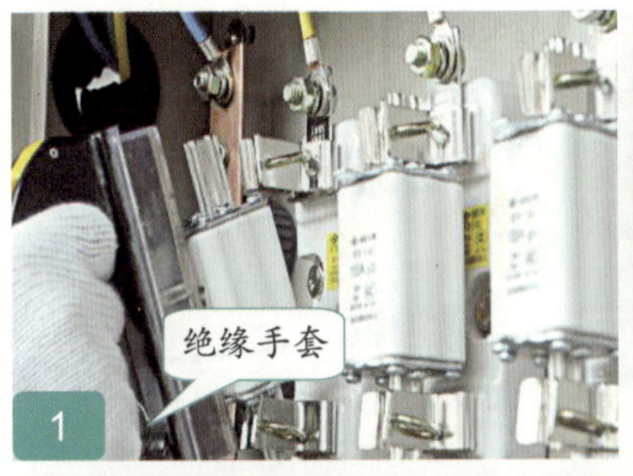

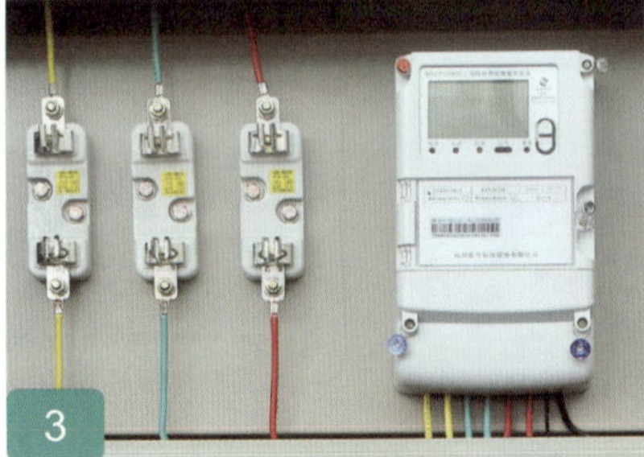

取下熔断器

验电

注意要点

√ 当取下熔断器时，要戴绝缘手套和护目镜。

√ 验电时不能戴手套，严禁触及验电笔前段金属部分。

步骤4 开始更换

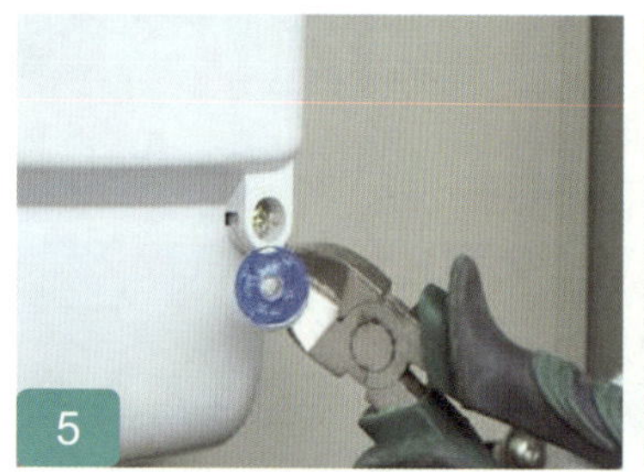

检查电能表封印并拆除

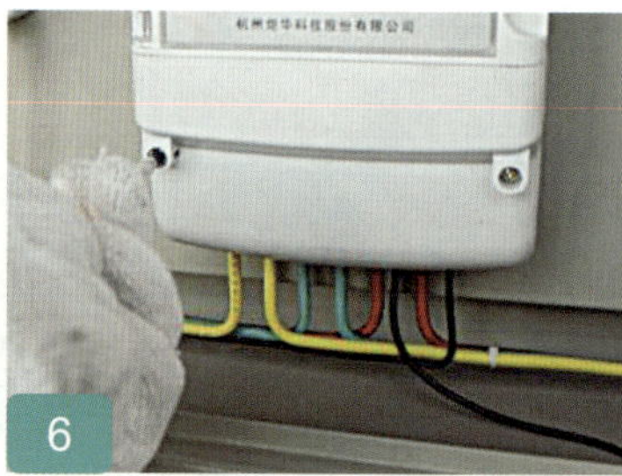

卸下表盖螺丝

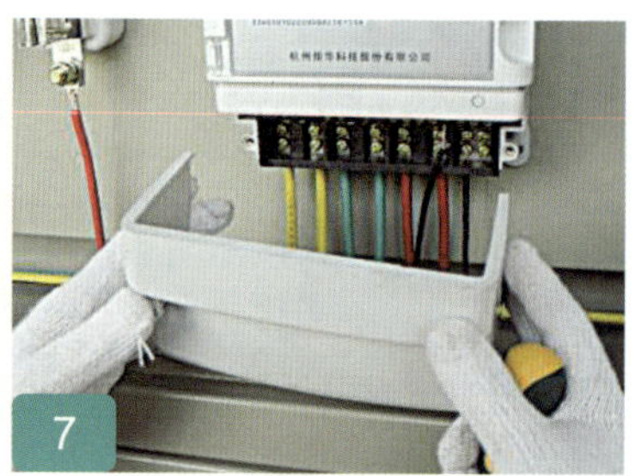

取下表盖

拆下485通信线

拧松接线螺丝

拆下固定螺丝

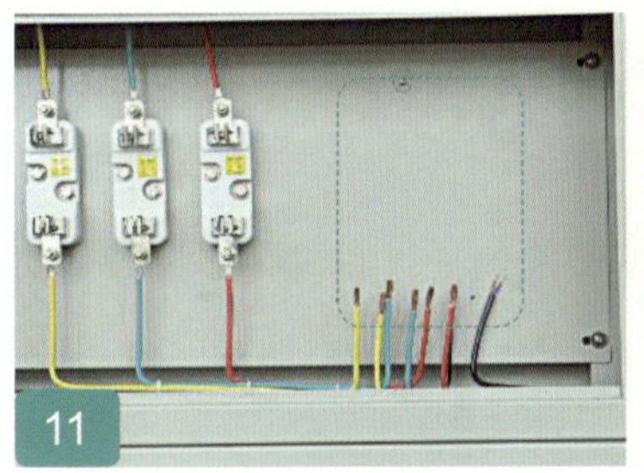

取下电能表

挂上新装电能表

固定电能表

将导线插入相应接线端口

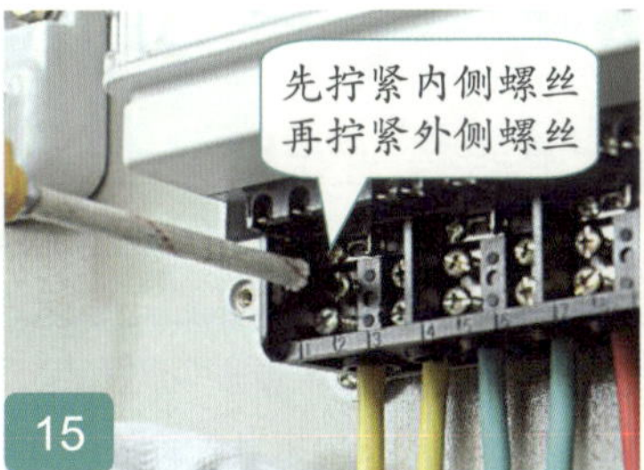

拧紧接线螺丝

接入485通信线

步骤5　检查接线

逐相检查接线

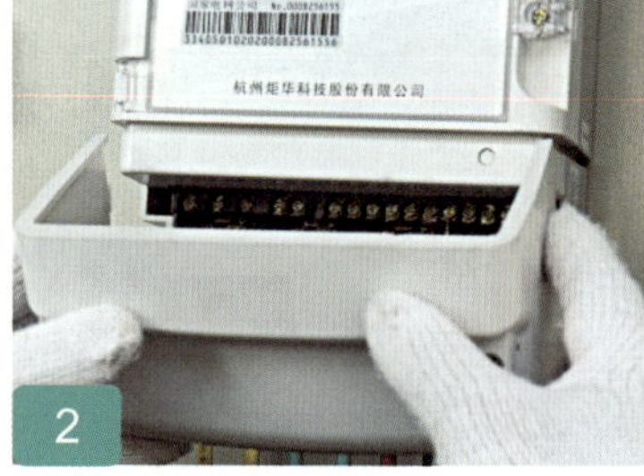

安装表盖

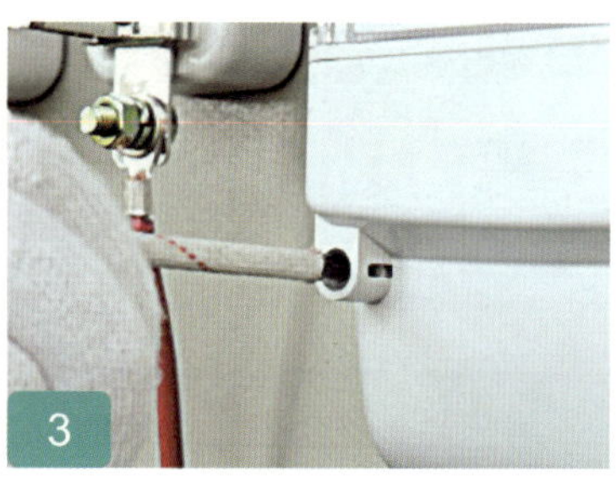
固定表盖

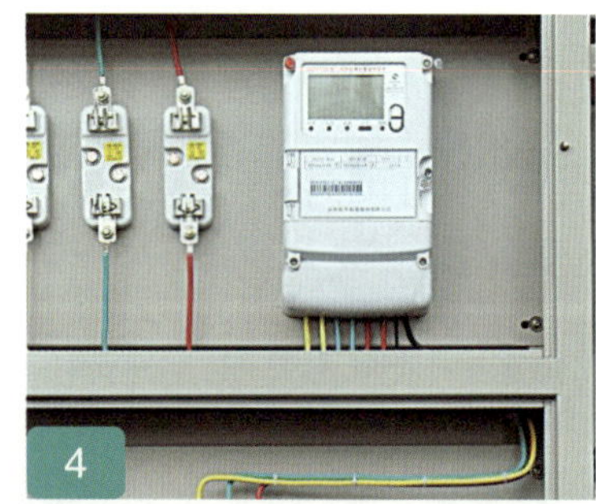

注意要点

工作完毕后，工作人员应对所有安装的电能计量装置进行逐项检查：

√ 检查电能表接线安装是否正确、规范、牢固。

√ 检查所有紧固件是否拧紧。

√ 检查完毕，未发现问题和错误，装上电能表表盖。

步骤6 电能表封印

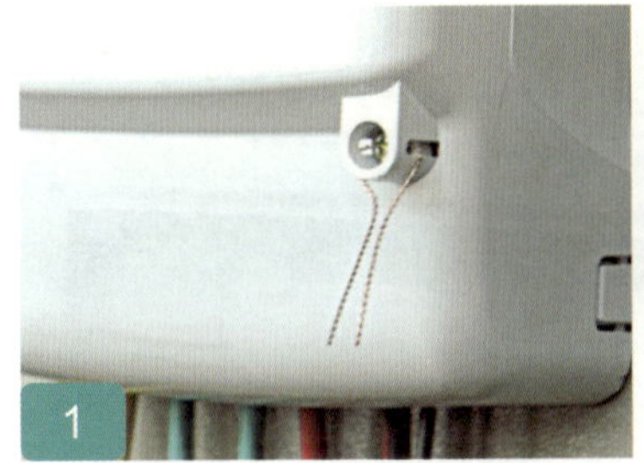

截取适当长度的封印线

穿线

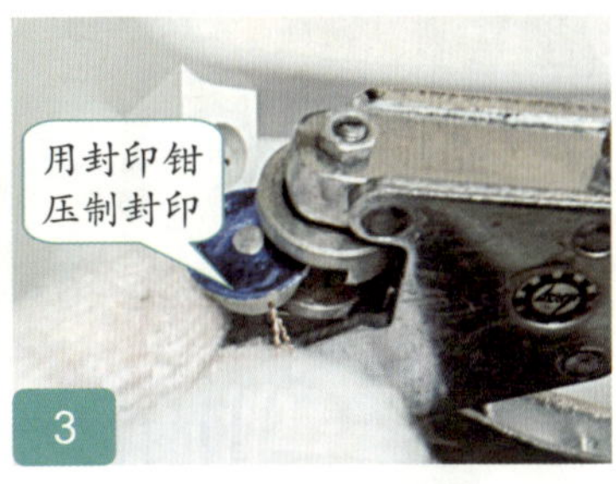

用封印钳压制封印

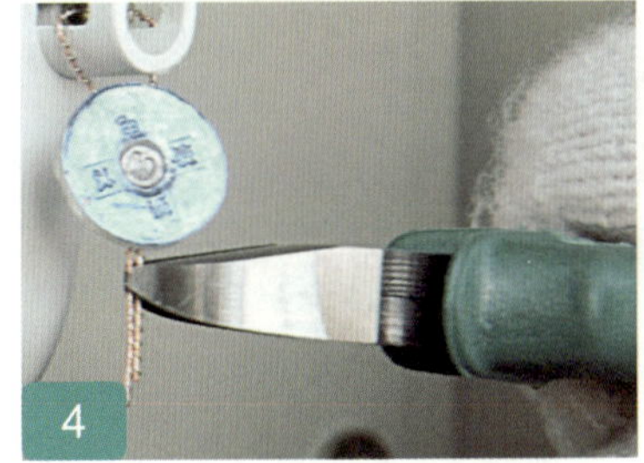

剪去多余的封印线

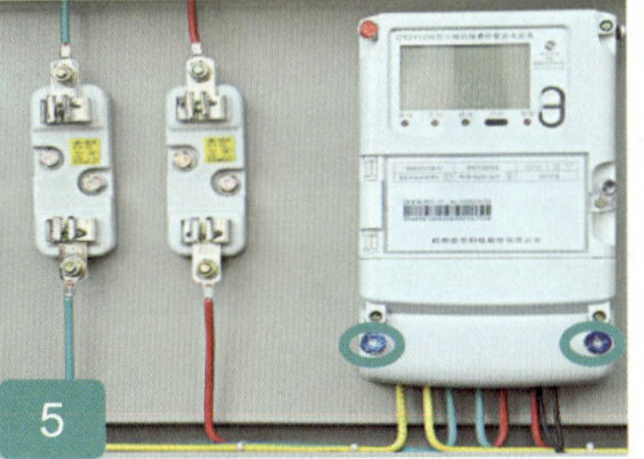

完成封印并记录

注意要点

封印螺丝以不可转出为准，封印用的铜线长短适中。

步骤7　送电后检查

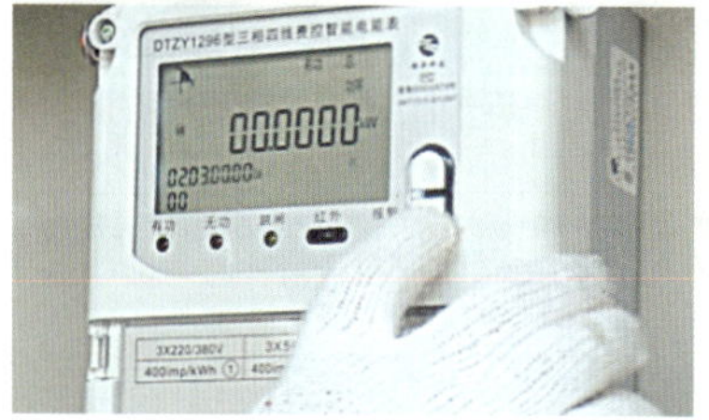

工作内容

√ 送电时应戴绝缘手套、护目镜。

√ 检查电压、电流、相序、电能表起度、时间、时段等是否正常。

步骤8 表箱封印

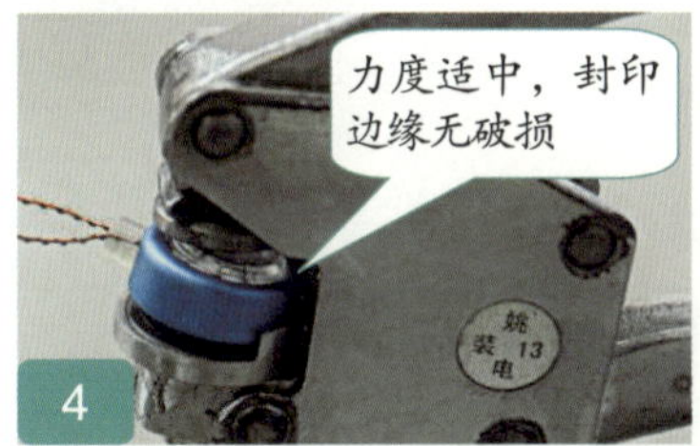

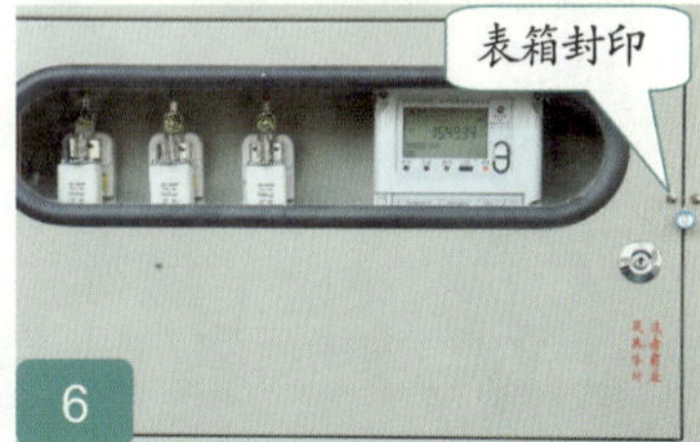

注意要点

√ 对表箱进行封印，将封印信息记录在《电能计量装接单》中。

√ 在封印柜门位置时，封印线需打结，防止计量柜门晃动导致封印松动。

步骤9 终结工作票

工作内容

现场作业结束，工作负责人填写工作票，办理工作票终结手续。

四 作业结束

1. 用户确认签章

工作内容

工作负责人请客户确认电能表的示数及封印完好，并在《电能计量装接单》上签字盖章。

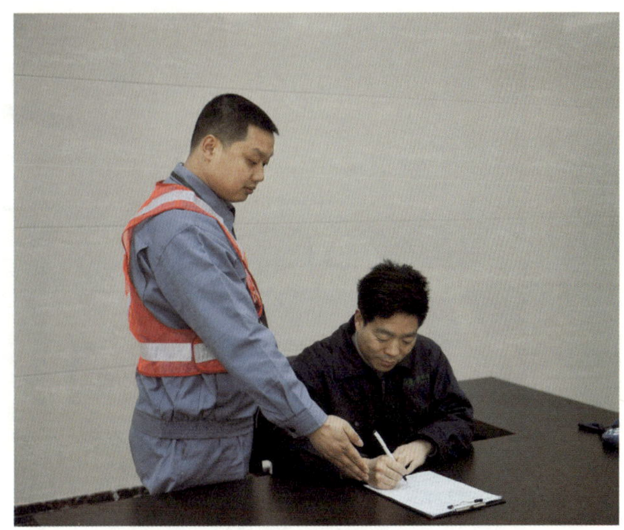

2. 返回单位

现场作业结束，工作人员返回单位。

3. 资料录入营销系统

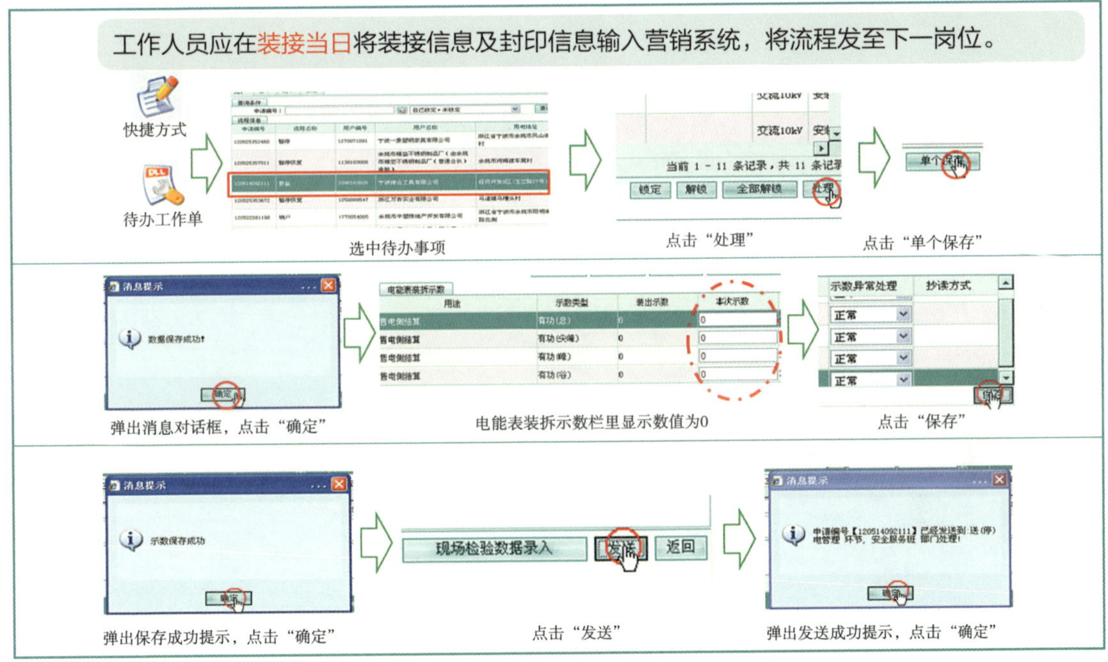

工作人员应在装接当日将装接信息及封印信息输入营销系统，将流程发至下一岗位。
快捷方式
待办工作单
选中待办事项
点击“处理”
点击“单个保存”
弹出消息对话框，点击“确定”
电能表装拆示数栏里显示数值为0
点击“保存”
弹出保存成功提示，点击“确定”
点击“发送”
弹出发送成功提示，点击“确定”

Part 3

工艺规范篇 >>

工艺规范篇针对装表接电人员日常装接过程中的工艺要求，深入浅出地阐述了13种典型工艺规范示例，旨在提高装表接电人员现场装接工艺水平，确保计量装置安装的规范与统一，为装表接电现场装接工艺规范提供参考依据。

一 电能计量柜（箱）安装

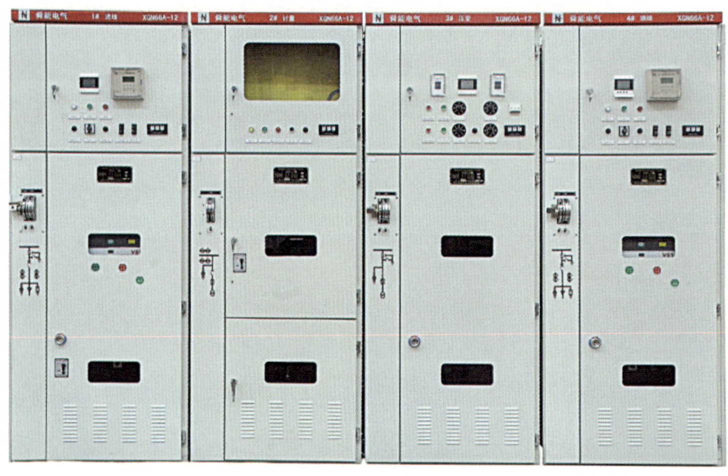

（1）客户使用的电能计量装置，应采用符合有关要求的计量柜（箱）。

（2）电能计量柜应符合GB/T 16934—1997《电能计量柜》的要求。

（3）金属电能表柜（箱）外壳接地宜采用 25毫升^{2}多股铜芯黄、绿双色导线，导线两端压好铜接头并接地，接地电阻不大于10欧姆。

二 电能表、采集终端安装

（1）电能表、采集终端安装应垂直牢固，电压回路为正相序，电流回路相位正确。

（2）每一回路的电能表、采集终端应垂直或水平排列，端子标志清晰正确。

（3）三相电能表间的最小距离应大于80毫米，单相电能表间的最小距离应大于30毫米。

（4）电能表、采集终端与周围壳体结构件之间的距离不应小于40毫米。

（5）电能表、采集终端室内安装高度800~1800毫米（电能表水平中心线距地面距离）。

（6）电能表、采集终端中心线向各方向的倾斜度不大于1度。

（7）金属外壳的电能表、采集终端装在非金属板上，外壳必须接地。

（8）采集终端安装应按图施工，采集终端与电能表间的485接口的连接必须一一对应，外接天线应固定在信号灵敏的位置。

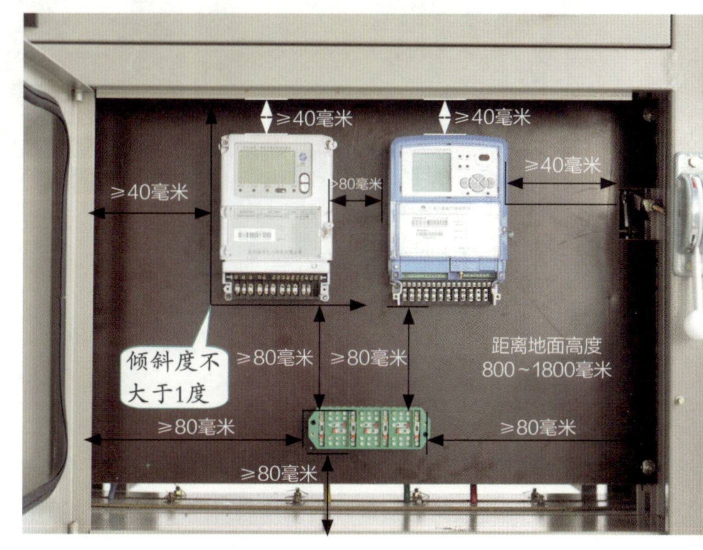

三 互感器安装

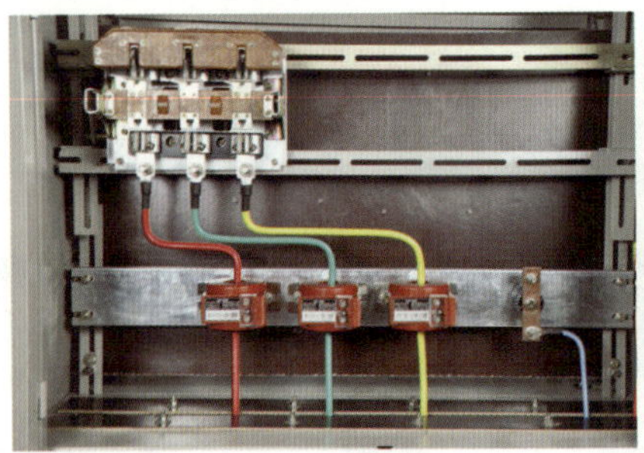

低压电流互感器的安装、连接

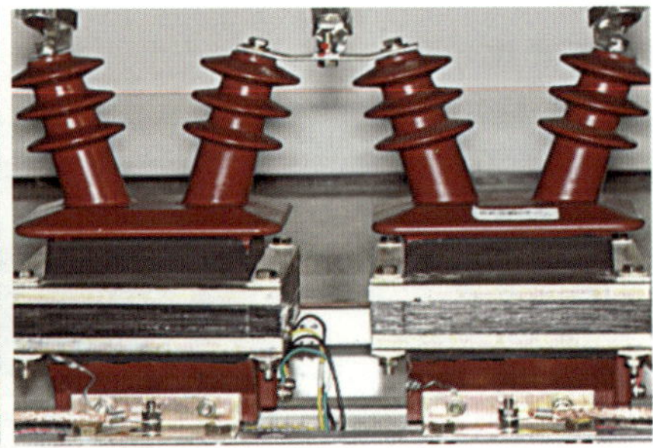

电压互感器的安装、连接

高压电流互感器的安装、连接

（1）检查计量设备的完整性，并核对型号（规格）与装接单、图纸的一致性。

（2）将互感器用4只螺栓固定在支架上，调整相间距离，螺栓均应配上平垫圈和弹簧垫圈，并紧固螺栓，螺杆与母排孔径大小应合适。

（3）同一组互感器的极性应一致，二次接线端子应具有防窃电功能。

（4）高压互感器接地线宜采用25毫米^{2}多股铜芯黄、绿双色导线，互感器底座接地。低压电流互感器在金属板接地电阻符合要求的条件下（不大于4欧姆），允许互感器底座不再另行接地。

四 接线盒安装

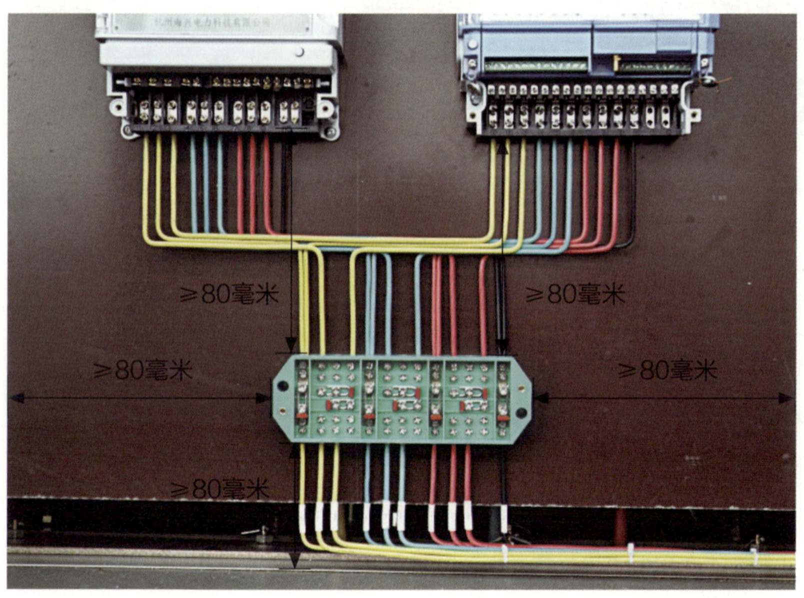

（1）接线盒应水平放置，电压连接片开口向上，接线盒的端子标志要清晰正确。

（2）接线盒与周围物体之间的距离不应小于80毫米，电能表与接线盒之间距离不小于80毫米。

五 导线选择

（1）直接接入式电能表采用BV型绝缘铜芯导线，导线截面应根据额定的正常负荷电流按下表进行选择。

绝缘铜芯导线截面表

负荷电流 I（安）	铜芯绝缘导线截面（毫米²）
$I<20$	4.0
$20\leqslant I<40$	6.0
$40\leqslant I<60$	10
$60\leqslant I<80$	16
$80\leqslant I<100$	25
注：DL/T 448—2000《电能计量装置技术管理规程》规定，负荷电流为50安以上时，宜采用经电流互感器接入式的接线方式。	

（2）经互感器的导线选择：

1）电流回路不小于BV-4毫米²单股铜芯黄、绿、红导线。

2）电压回路不小于BV-2.5毫米²单股铜芯黄、绿、红导线。

3）二次接地回路宜采用BVR-4毫米²多股铜芯黄、绿双色导线。

4）一次接地回路宜采用BVR-25毫米²多股铜芯黄、绿双色导线。

5）零线宜采用BV-2.5毫米²单股铜芯黑色导线。

（3）RS485连线宜采用BV-0.3毫米²及以上单芯双绞线。

六 导线截取

（1）按规范要求选取相应型号规格的导线。

（2）绝缘导线表面应光滑、色泽均匀，无扭结、断股、断芯，绝缘层无破损。

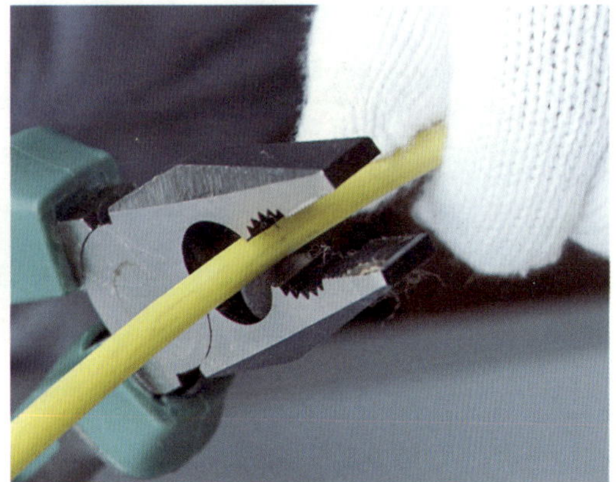

七 方向套制作及配置

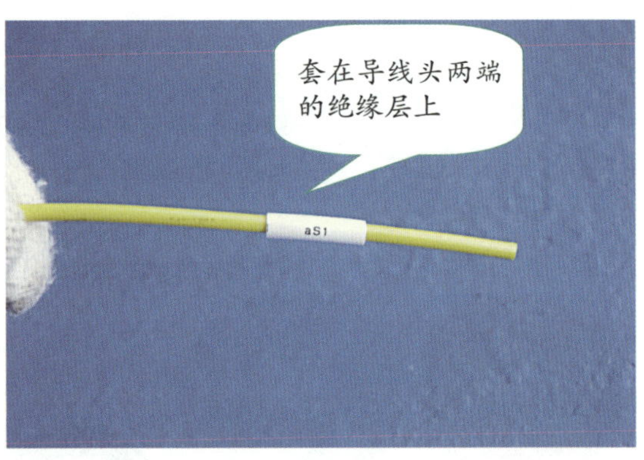

（1）方向套字码应采用线缆标志印制机印制，方向套长度20毫米±2毫米。

（2）方向套的字迹清晰、整齐。

（3）导线接线两端应套上具有标号的方向套，方向套应套在导线头两端的绝缘层上。

（4）方向套的标号应与二次接线图完全一致，方向应与视图标示方向一致。

（5）方向套水平放置时，字码应从左到右排列，同排的方向套应上下对齐。

（6）方向套垂直放置时，字码应从上到下排列，同排的方向套应左右对齐。

八 元件标签制作和粘贴

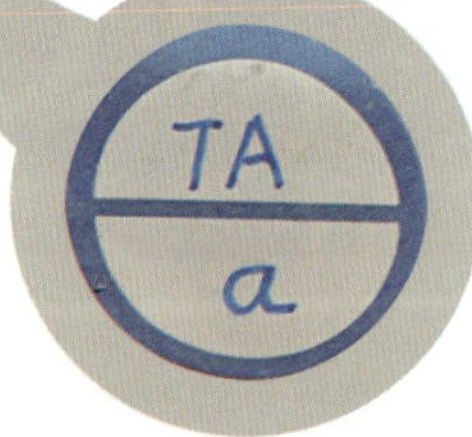

（1）元件标签应按接线图规定，使用线缆标志印制机印制。

（2）元件标签的字迹清晰工整。

（3）元件标签应贴在元件本身或附近右上角易于观察的位置上，并粘贴平整、美观。

九 导线扎束

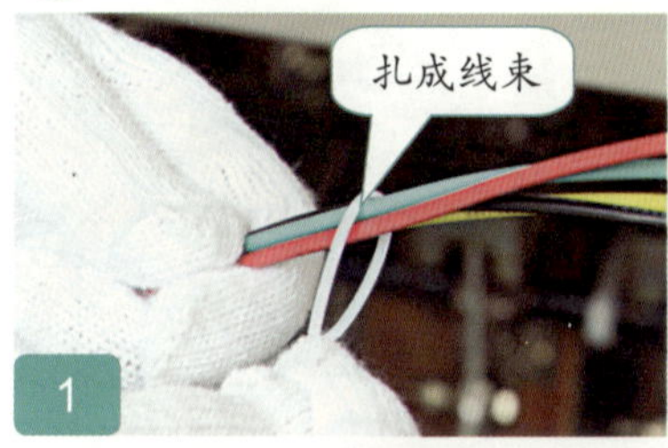

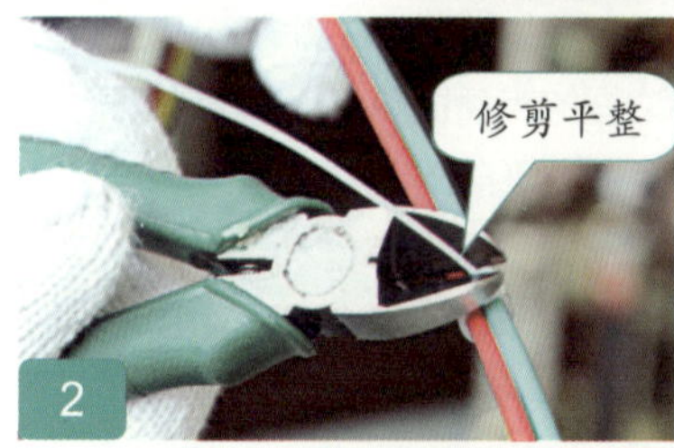

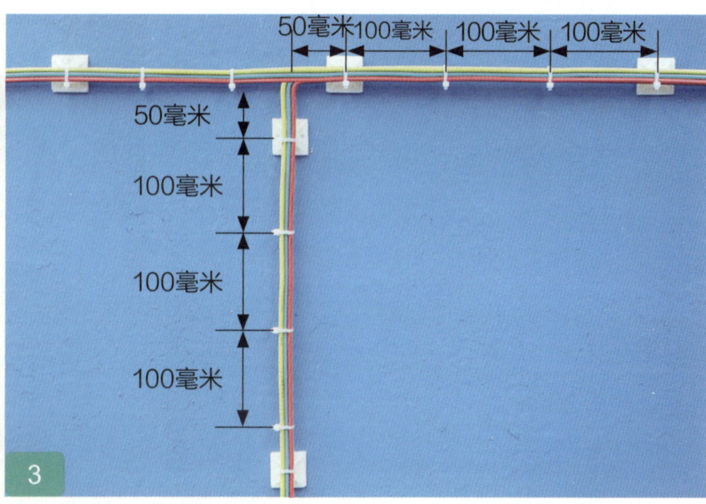

(1)导线应采用塑料捆扎带扎成线束，扎带尾线应修剪平整。

(2)导线在扎束时必须把每根导线拉直，直线放外挡，转弯处的导线放里挡。

(3)导线转弯应均匀，转弯弧度不得小于线径的2倍，禁止导线绝缘层出现破损现象。

(4)捆扎带之间的距离：直线为100毫米，转弯处为50毫米。

(5)导线的扎束必须做到垂直、均匀、整齐、牢固、美观。

十 线束敷设

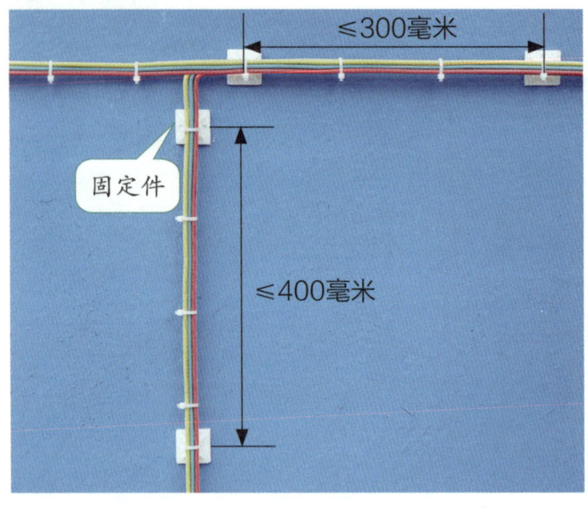

（1）线束要用塑料线夹或塑料捆扎带固定:

1）固定点之间的距离横向不超过300毫米，纵向不超过400毫米。

2）线束不允许有晃动现象。

3）线束的敷设应做到横平竖直、均匀、整齐、牢固、美观。

（2）线束的走向原则上按横向对称敷设，当受位置限制时，允许竖向对称走向。

（3）电压、电流回路导线排列顺序应正相序，黄（A）、绿（B）、红（C）色导线按自左向右或自上向下顺序排列。

（4）线束在穿越金属板孔时，应在金属板孔上套置与孔径一致的橡胶保护圈。

十一 连接件处理

1

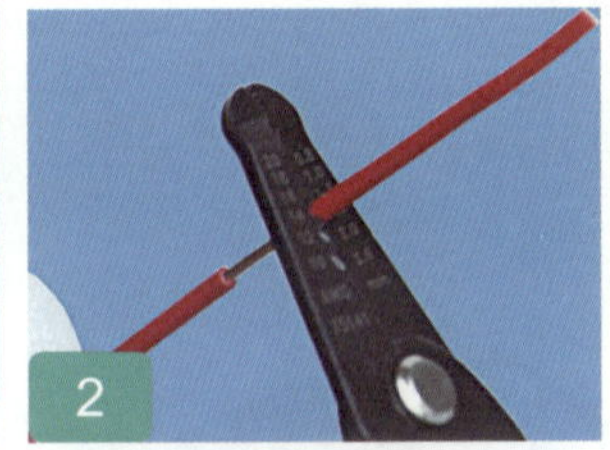
2

(1) 导线与电器元件接线端子、母排连接时，应根据导线结构及搭接对象分别处理。

(2) 单股导线与电器元件接线端子、母排连接时，导线端剥去绝缘层弯成压接圈后进行连接；压接圈的形状与螺栓大小匹配，其弯曲方向必须与螺栓拧紧方向一致，导线绝缘层不得压入垫圈内。

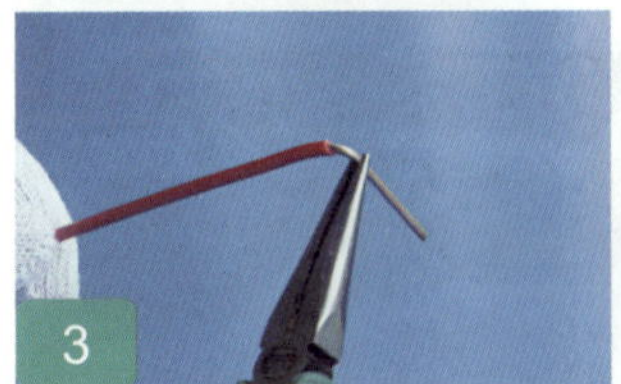
3

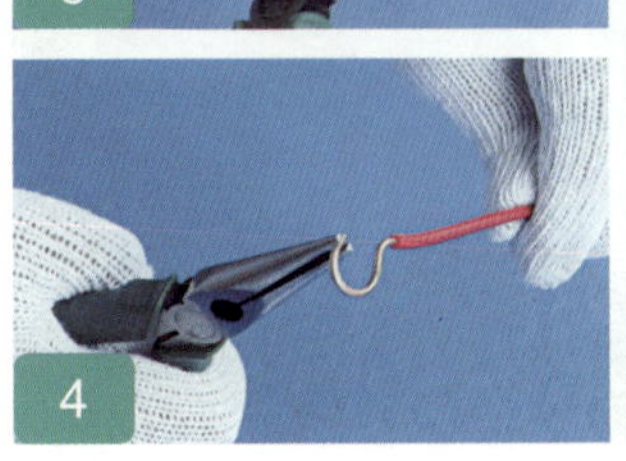
4

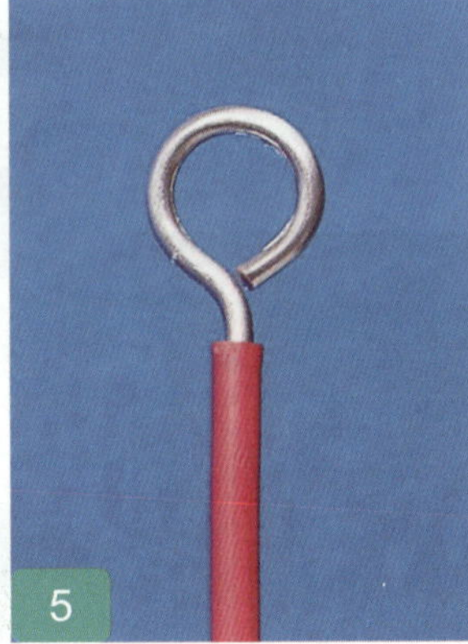
5

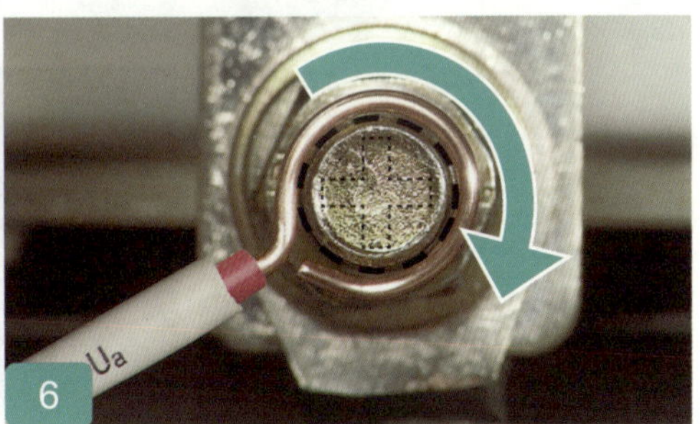

6

（3）单股导线与电器元件插入式接线端子连接时，当导线直径小于接线端子孔径较多时，应将导线端剥去绝缘层折叠成多股再插入接线端子；剥线必须用专业工具，插入的导线不得有裸露现象，紧固件不得压在导线绝缘层上。

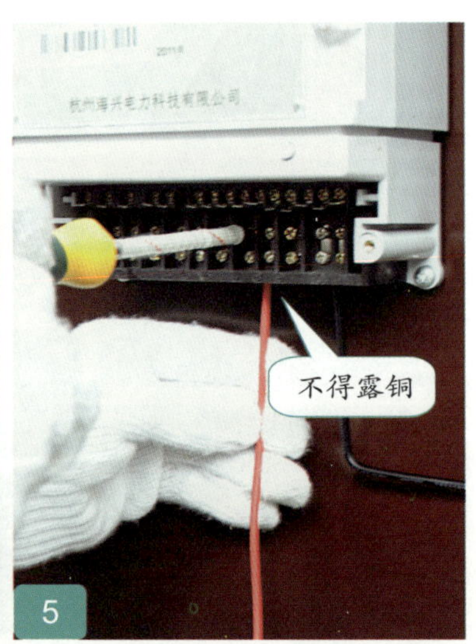

（4）多股导线与电器元件接线端子、母排连接时，导线端剥去绝缘层、压接与导线截面和连接螺栓相匹配的铜压接端头。压接工艺和要求如下。

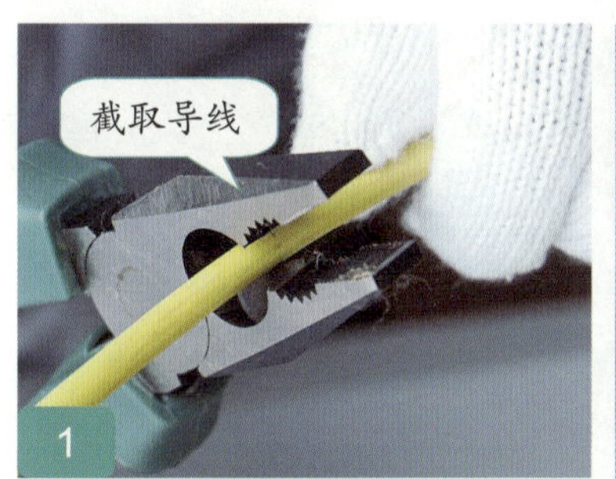

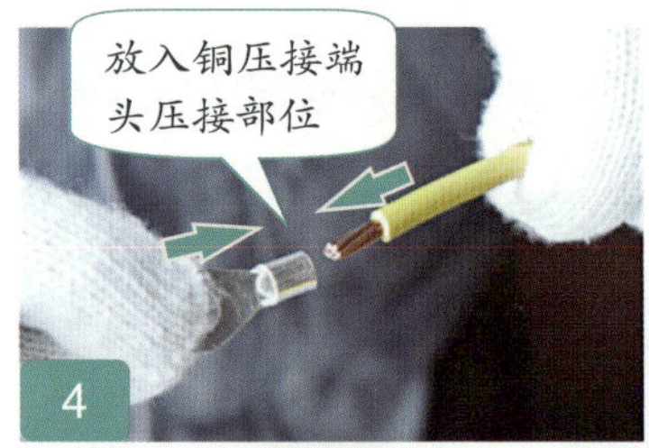

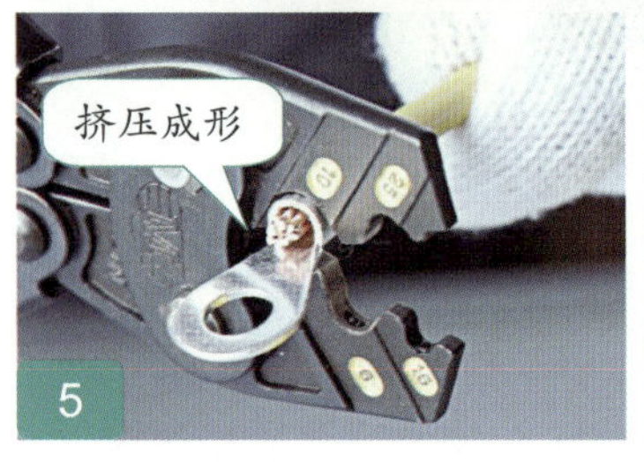

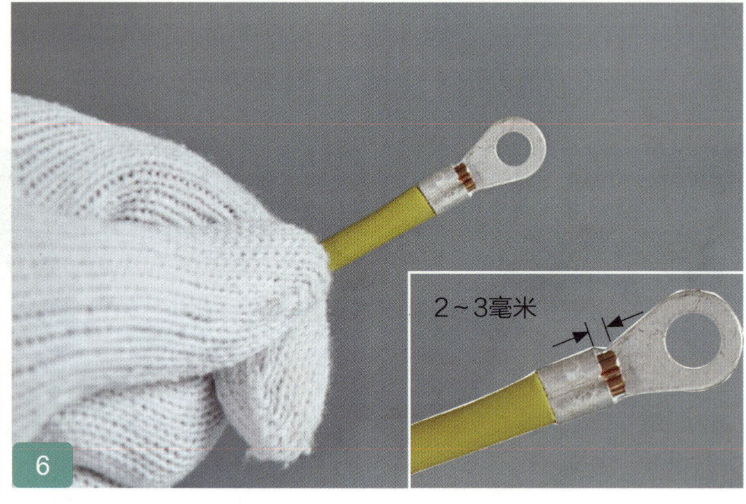

1）按实际需要截取导线，导线端剥去绝缘层，线头长度为压接后线头外露端头2～3毫米；修平断口。

2）将已处理的线头放入铜压接端头压接部位到底，使用相应的冷压压接钳钳口挤压成形。

3）压接钳压接的范围为铜压接端头压接部位；禁止将导线绝缘层压入端头内。

4）直接接入式电能表采用多股绝缘导线，导线截面应按表计容量选择。

十二 电器元件连接

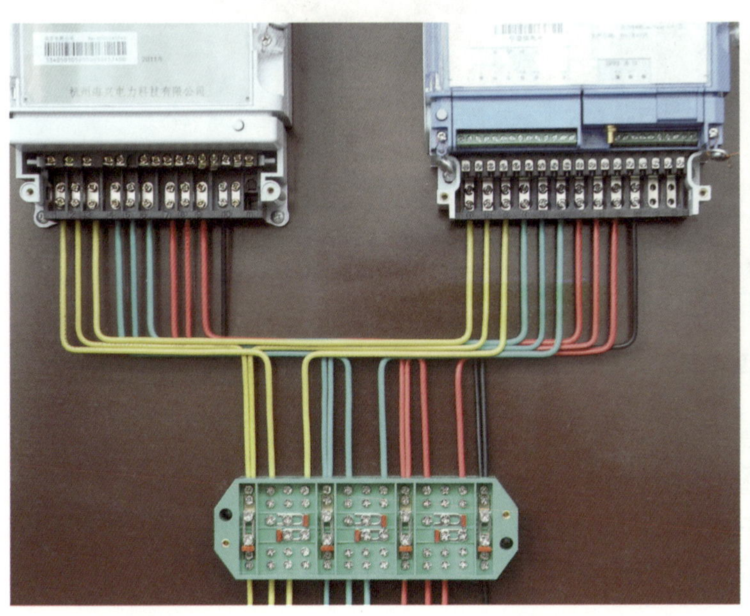

（1）导线应尽量避免交叉，严禁导线穿入闭合测量回路中，影响测量的准确性。

（2）导线与接点的连接：

1）电能表、采集终端必须一个孔位连接一根导线。

2）当需要连接两根导线如用圆形圈接线时，两根线头间应放一只平垫圈，以保证接触良好。

3）互感器二次回路每只接线端螺钉不能超过两根导线。

高压电流互感器连接

高压电压互感器连接

（3）与互感器连接的导线应留有余度。

（4）固定与互感器连接的母排时，连接处必须自然吻合，接触良好。

（5）高压互感器二次回路均应只有一处可靠接地。高压电流互感器将互感器二次s2端与外壳直接接地，星形接线电压互感器应在中心点处接地，V-V接线电压互感器在b相接地。

（6）接线盒的进线端的导线应留有余度。

（7）所有螺钉必须紧固，不接线的螺钉应拧紧。

电能表、采集器终端、接线盒连接

十三 封印

1. 计量柜内封印

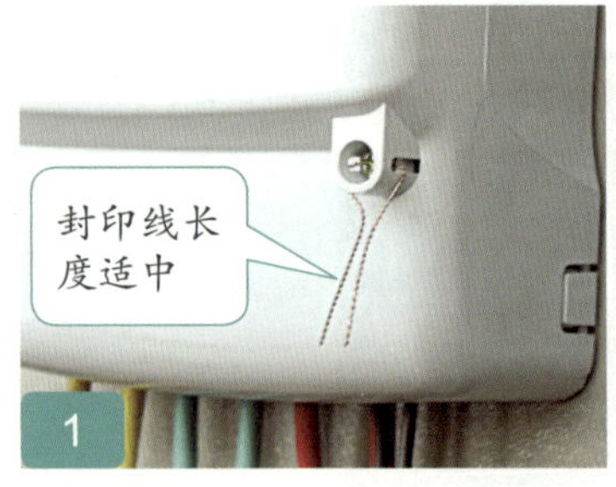

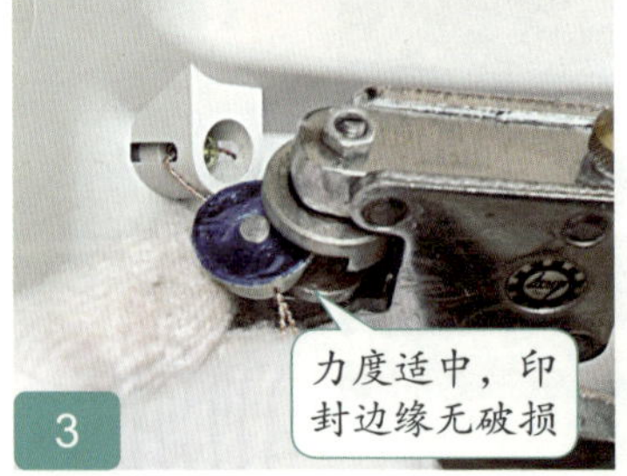

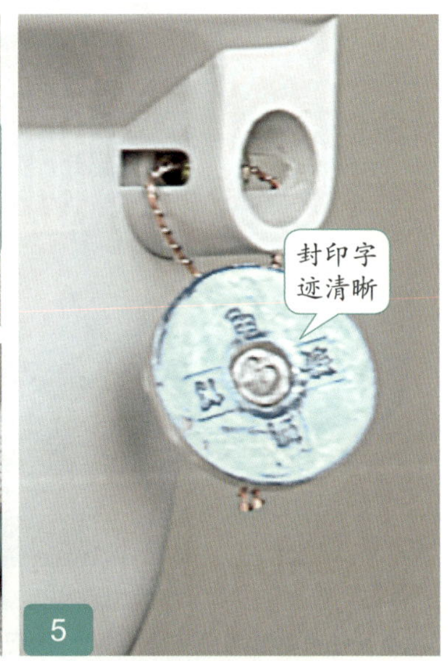

2. 计量柜封印

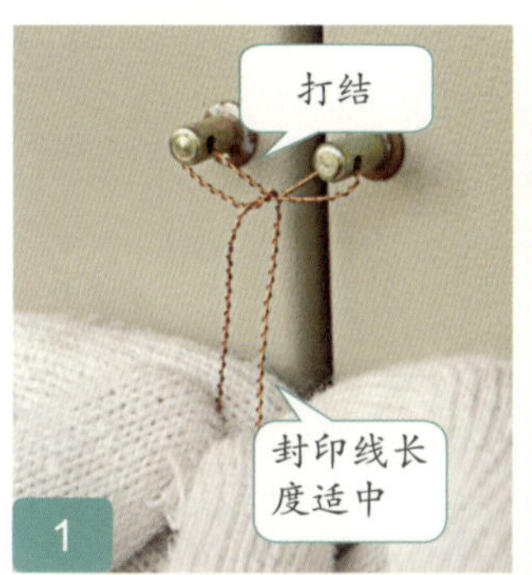

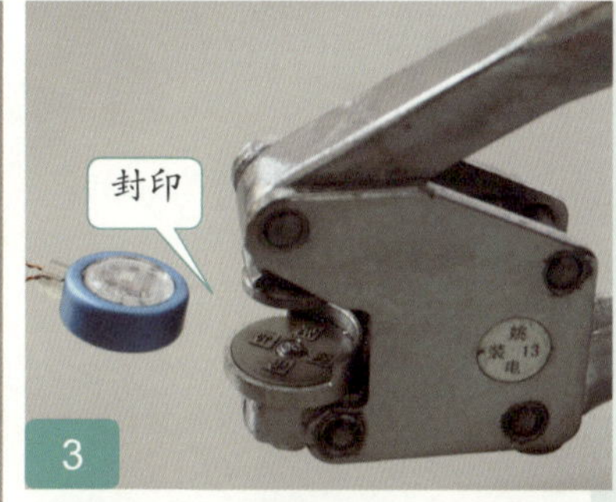

在封印柜门位置时，封印线需要打结，防止门锁打开情况下柜门晃动导致封印松动。

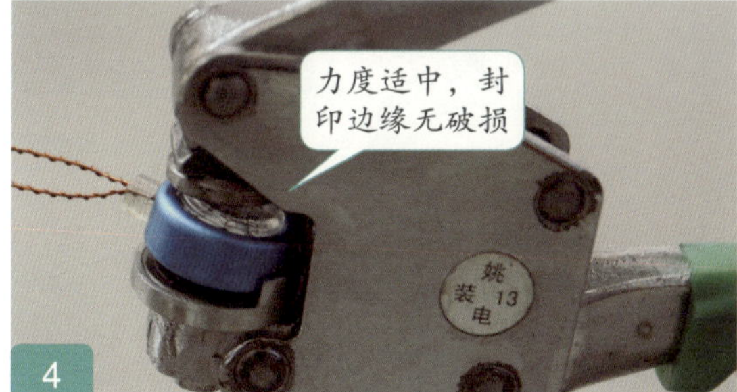

Part 4

现场检验篇 >>

现场检验篇主要针对电能计量装置的现场检验，以工作流程为主线，对个人工器具和防护用品配备、现场作业准备、现场作业操作、作业结束收尾以及营销系统流程应用等各个环节工作内容的要点、难点以及安全注意事项进行了详细阐述，为计量校验人员现场作业提供参考依据。

 前期准备

工作内容

根据检验计划提前联系客户，确定现场检验时间并请客户代表检验时到场。

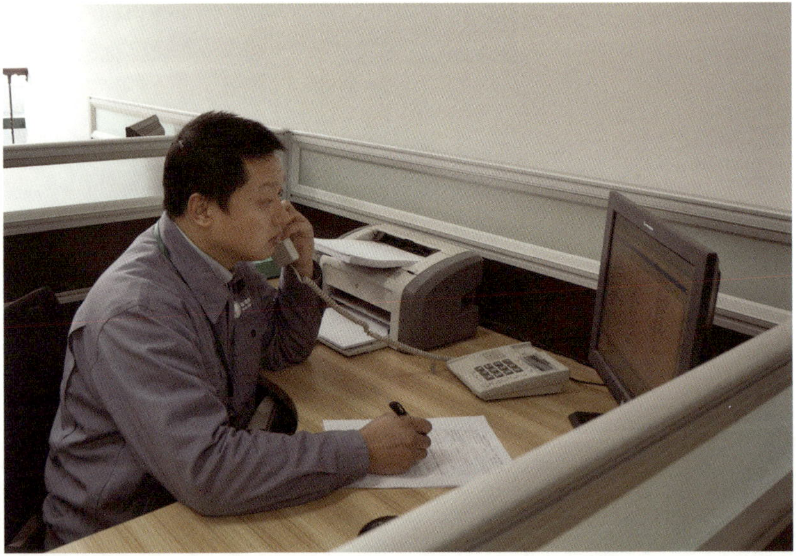

二 出发前准备

（一）派工

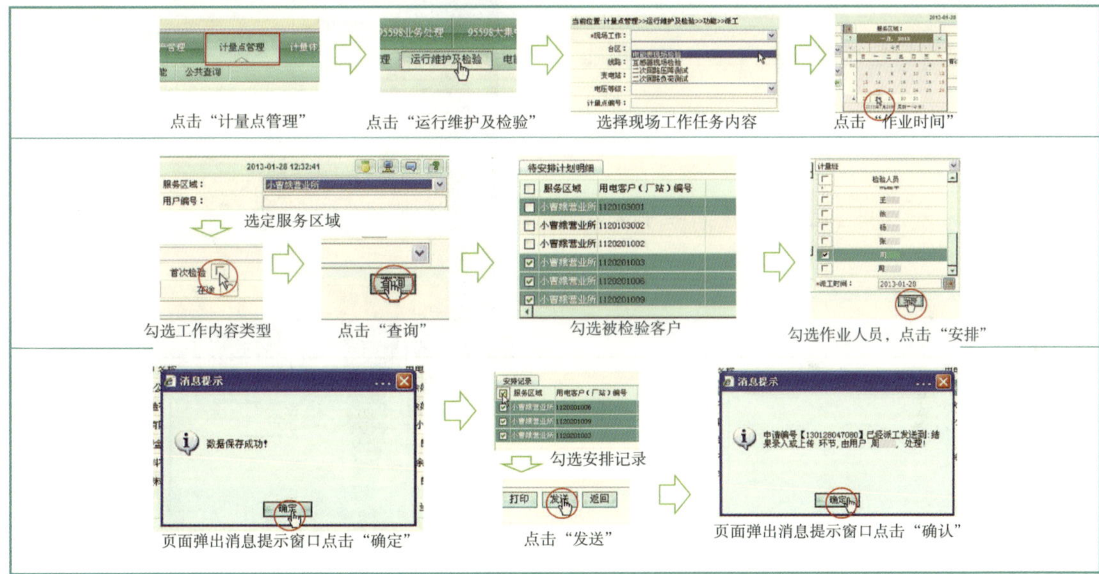
点击“计量点管理”
点击“运行维护及检验”
选择现场工作任务内容
点击“作业时间”
选定服务区域
勾选工作内容类型
点击“查询”
勾选被检验客户
勾选作业人员，点击“安排”
数据保存成功！
页面弹出消息提示窗口点击“确定”
勾选安排记录
点击“发送”
页面弹出消息提示窗口点击“确认”

派工要求

√ 作业人员应身体健康、精神状态良好。

√ 作业人员应具备相应安全作业资格和技能要求。

√ 作业人员的工器具和劳动防护用品应合格、齐全。

√ 现场工作至少两人一组，并指定工作负责人。

（二）常用工器具

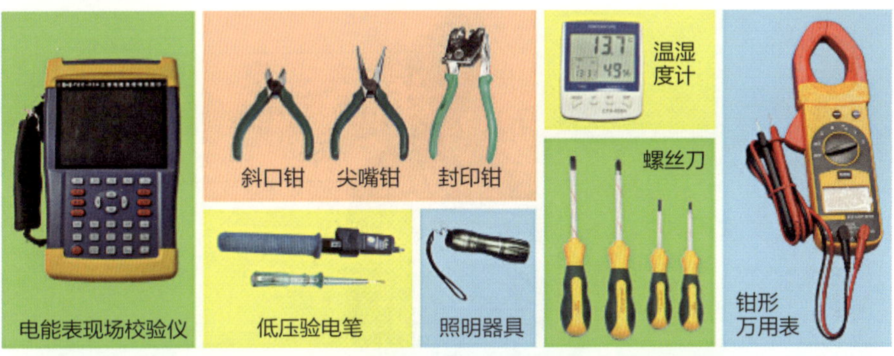

电能表现场检验仪注意事项

√ 现场检验用计量标准器，其准确度等级至少应比被检表高两个准确度等级，量限应配置合理，具有有效的检定证书，性能稳定。

√ 现场检验用计量标准器应至少每三个月在实验室比对一次。宜选用可测量电压、电流、相位和带有错接线判别功能的电能表现场校验仪，其试验端子之间的连接导线应有良好绝缘，中间不允许有接头，并有明显的极性和相别标志。

（三）个人防护用品

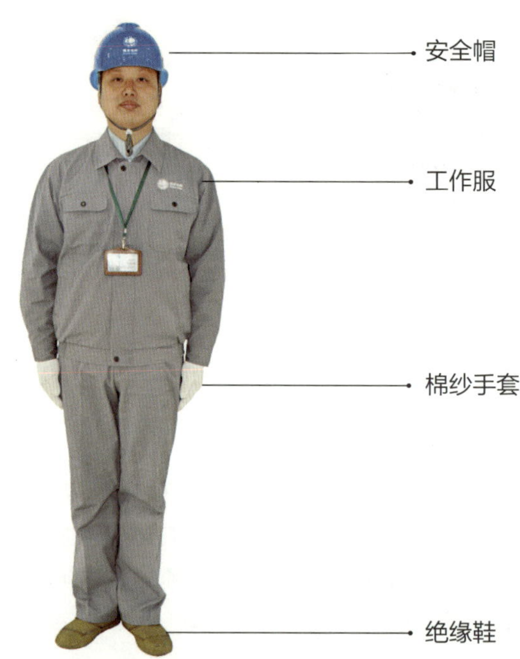

（四）检验信息打印及下装

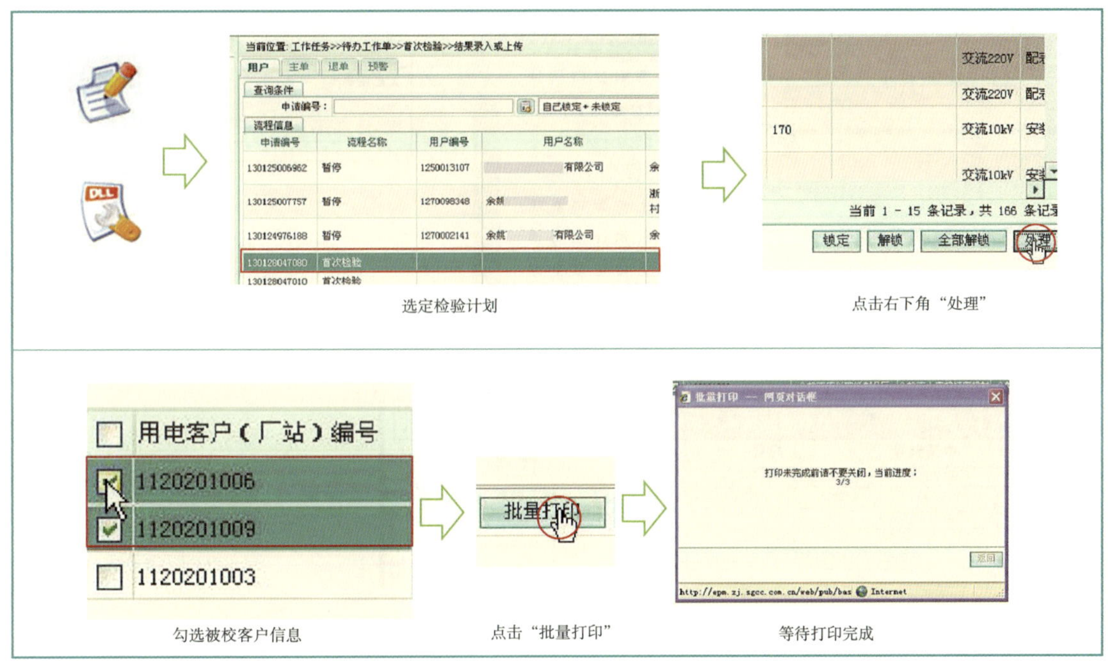

选定检验计划

点击右下角“处理”

勾选被校客户信息

点击“批量打印”

等待打印完成

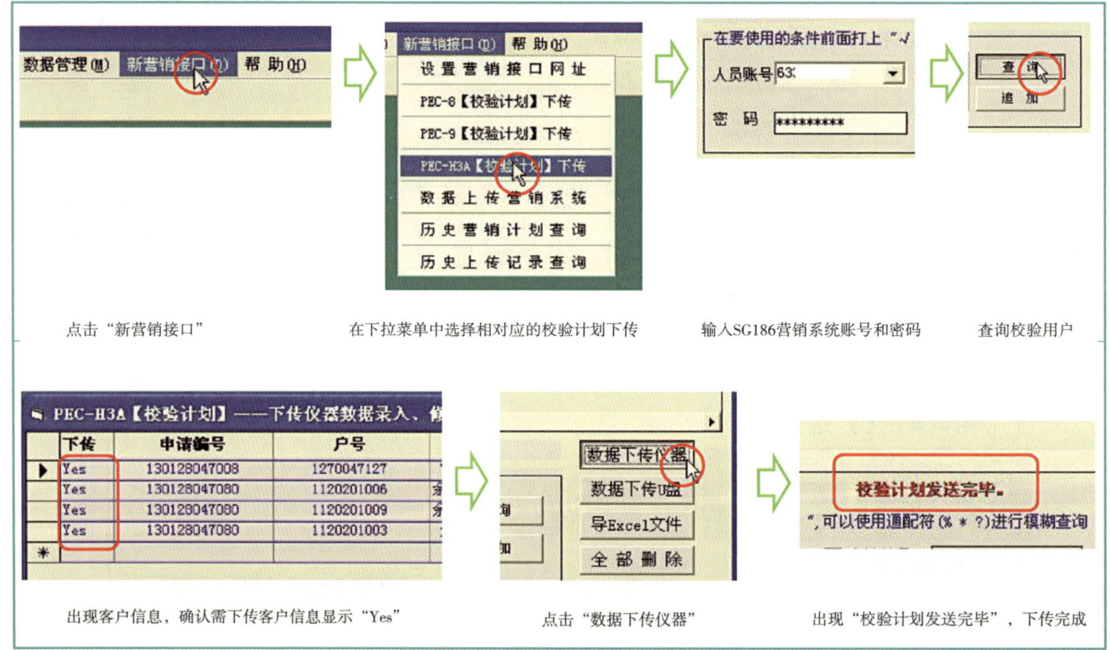

点击“新营销接口”

在下拉菜单中选择相对应的校验计划下传

输入SG186营销系统账号和密码

查询校验用户

出现客户信息，确认需下传客户信息显示“Yes”

点击“数据下传仪器”

出现“校验计划发送完毕”，下传完成

三 开具工作票

工作票签发流程

1）工作票签发人或工作负责人依据工作任务填写并打印相应的工作票。

2）办理工作票签发手续。

注意事项

√ 办理工作票签发手续时，在客户电气设备上工作应由供电公司与客户方进行双签发，供电方安全负责人对工作的必要性和安全性、工作票上安全措施的正确性、所安排工作负责人和工作人员是否合适等内容负责。客户方工作票签发人对工作的必要性和安全性、工作票上安全措施的正确性等内容审核确认。

√ 同一张工作票，工作票签发人、工作负责人、工作许可人三者不得相互兼任。

（一）变电站（发电厂）第二种工作票

已执行 盖 不执行 章 作 废	变电站（发电厂）第二种工作票（样票）	合格 盖 章 不合格

单位：________ 变电站：________ 编号：________

1. 工作负责人（监护人）：________ 班组：________
2. 工作班人员(不包括工作负责人)：________
________共____人。
3. 工作内容和工作地点：________
4. 计划工作时间：自____年__月__日__时__分至____年__月__日__时__分
5. 工作条件(停电或不停电，或临近带电及保留带电设备名称：________
6. 注意事项（安全措施）：

序号	注意事项（安全措施）
1	
2	
3	

工作票签发人签名：________，____年__月__日__时__分

7. 补充安全措施（工作许可人填写）：

序号	补充安全措施
1	
2	
3	

8. 确认本工作票1至7项
许可开始工作时间：____年__月__日__时__分
工作负责人签名：________ 工作许可人签名：________
9. 确认工作负责人布置的工作任务和安全措施。
工作班人员签名：________
10. 工作负责人变动情况：原工作负责人______离去，变更______为工作负责人。
工作票签发人：________，____年__月__日__时__分
11. 工作人员变动情况（添加人员姓名、变动日期及时间）：
____
工作负责人签名________
12. 工作票延期：有效期延长到____年__月__日__时__分。
工作负责人签名：________
工作许可人签名：________，____年__月__日__时__分
13. 每日开工和收工记录（使用一天的工作票不必填写）：

收工时间				工作负责人	工作许可人	开工时间				工作许可人	工作负责人
月	日	时	分			月	日	时	分		

14. 工作终结：全部工作于____年__月__日__时__分结束，设备及安全措施已恢复至开工前状态，工作人员已全部撤离，材料工具已清理完毕，工作已终结。
工作负责人签名：________ 工作许可人签名：________
15. 备注：
（1）指定专责监护人______负责监护________
________（人员、地点及具体工作）
（2）其他事项：（可附页）

适用范围

√ 不需停电的35千伏及以上变电站、开关站、高供高计客户内开展电能表（负控装置）装拆、电能表校验、电压互感器二次压降测量、二次负荷测量等单项作业。

√ 不需停电的 35千伏及以上变电站内 10（20）千伏及以下的配电设施工作。

（二）配电第二种工作票

已执行 盖 不执行 章 作 废	**配电第二种工作票（样票）**	合格 盖 章 不合格

单位＿＿＿＿＿＿＿＿＿＿ 编号＿＿＿＿＿＿＿＿＿＿

工作负责人＿＿＿＿＿＿＿＿＿＿ 班组＿＿＿＿＿＿＿＿＿＿

1. 工作班成员（不包括工作负责人）：＿＿＿＿＿＿＿＿＿＿

＿＿＿＿＿＿＿＿＿＿共＿＿＿＿人。

2. 工作任务：

工作地点或设备 （注明变（配）电站、线路名称、设备双重名称及起止杆号）	工作内容

3. 计划工作时间：自＿＿＿年＿月＿日＿时＿分至＿＿＿年＿月＿日＿时＿分

4. 工作条件和安全措施（必要时可附页绘图说明）

＿＿＿＿＿＿＿＿＿＿＿＿＿＿＿＿＿＿＿＿

＿＿＿＿＿＿＿＿＿＿＿＿＿＿＿＿＿＿＿＿

＿＿＿＿＿＿＿＿＿＿＿＿＿＿＿＿＿＿＿＿

工作票签发人签名：＿＿＿＿＿＿＿＿＿＿，＿＿＿年＿月＿日＿时＿分

工作负责人签名：＿＿＿＿＿＿＿＿＿＿，＿＿＿年＿月＿日＿时＿分

5. 现场补充的安全措施：

＿＿＿＿＿＿＿＿＿＿＿＿＿＿＿＿＿＿＿＿

＿＿＿＿＿＿＿＿＿＿＿＿＿＿＿＿＿＿＿＿

6. 工作许可：

许可的线路或设备	许可方式	工作许可人	工作负责人	许可工作的时间
				年 月 日 时 分
				年 月 日 时 分
				年 月 日 时 分

7. 现场交底，工作班成员确认工作负责人布置的工作任务、人员分工、安全措施和注意事项并签名：

＿＿＿＿＿＿＿＿＿＿＿＿＿＿＿＿＿＿＿＿

＿＿＿＿＿＿＿＿＿＿＿＿＿＿＿＿＿＿＿＿

工作开始时间：＿＿＿年＿月＿日＿时＿分，工作负责人签名：＿＿＿＿＿＿

8. 工作票延期：有效期延长到＿＿＿年＿月＿日＿时＿分。

工作负责人签名：＿＿＿＿＿＿＿＿＿＿，＿＿＿年＿月＿日＿时＿分

工作许可人签名：＿＿＿＿＿＿＿＿＿＿，＿＿＿年＿月＿日＿时＿分

9. 工作完工时间：＿＿＿年＿月＿日＿时＿分

工作负责人签名：＿＿＿＿＿＿＿＿＿＿

10. 工作终结：

11.1. 工作班人员已全部撤离现场，材料工具已清理完毕，杆塔、设备上已无遗留物。

11.2. 工作终结报告：

终结的线路或设备	报告方式	工作负责人	工作许可人	终结报告时间
				年 月 日 时 分
				年 月 日 时 分
				年 月 日 时 分

11. 备注：

12.1 指定专责监护人＿＿＿＿＿＿负责监护＿＿＿＿＿＿＿＿＿＿

＿＿＿＿＿＿＿＿＿＿＿＿＿＿＿＿（地点及具体工作）

12.2 其他事项：＿＿＿＿＿＿＿＿＿＿＿＿＿＿＿＿

＿＿＿＿＿＿＿＿＿＿＿＿＿＿＿＿＿＿＿＿

适用范围

不需停电的10（20）千伏开关站、高供高计客户内开展电能表（负控装置）装拆、电能表校验、电压互感器二次压降测量、二次负荷测量等单项作业。

（三）电能表现场校验作业票

适用范围

单独开展客户电能表现场校验工作。

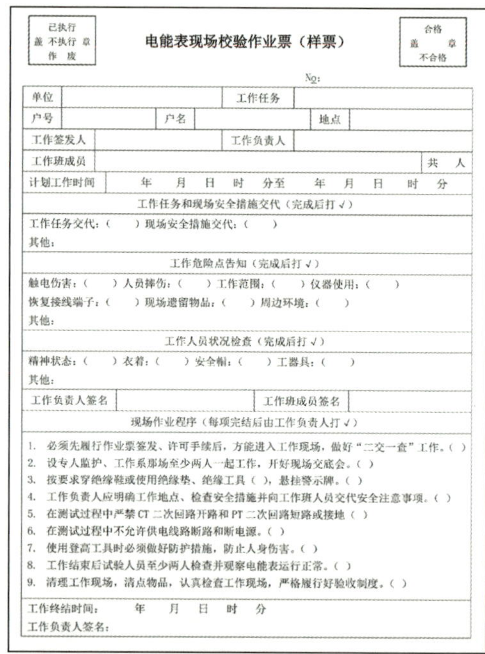

已执行 盖 不执行 章 作 废

电能表现场校验作业票（样票）

合格 盖 章 不合格

№：

单位		工作任务	
户号		户名		地点	
工作签发人		工作负责人	
工作班成员		共　人
计划工作时间	年　月　日　时　分至　年　月　日　时　分

工作任务和现场安全措施交代（完成后打√）

工作任务交代：（　）现场安全措施交代：（　）

其他：

工作危险点告知（完成后打√）

触电伤害：（　）人员摔伤：（　）工作范围：（　）仪器使用：（　）

恢复接线端子：（　）现场遗留物品：（　）周边环境：（　）

其他：

工作人员状况检查（完成后打√）

精神状态：（　）衣着：（　）安全帽：（　）工器具：（　）

其他：

工作负责人签名		工作班成员签名	

现场作业程序（每项完结后由工作负责人打√）

1. 必须先履行作业票签发、许可手续后，方能进入工作现场，做好“二交一查”工作。（ ）
2. 设专人监护、工作系那场至少两人一起工作，开好现场交底会。（ ）
3. 按要求穿绝缘鞋或使用绝缘垫、绝缘工具（ ），悬挂警示牌。（ ）
4. 工作负责人应明确工作地点、检查安全措施并向工作班人员交代安全注意事项。（ ）
5. 在测试过程中严禁 CT 二次回路开路和 PT 二次回路短路或接地（ ）
6. 在测试过程中不允许供电线路断路和断电源。（ ）
7. 使用登高工具时必须做好防护措施，防止人身伤害。（ ）
8. 工作结束后试验人员至少两人检查并观察电能表运行正常。（ ）
9. 清理工作现场，清点物品，认真检查工作现场，严格履行好验收制度。（ ）

工作终结时间：　年　月　日　时　分

工作负责人签名：

四 现场作业

（一）办理工作票许可手续

工作内容

1. 工作负责人到达现场，办理工作票许可手续。
2. 严禁未经许可开始工作。
3. 工作负责人在工作许可人完成施工现场的安全措施后，还应完成以下手续：

   √ 再次检查所做的安全措施。

   √ 确认工作许可人指明的带电设备的位置和注意事项。

   √ 在工作票上确认、签名。

注意事项

办理工作票许可手续时，在客户电气设备上工作应由供电公司与客户方进行双许可，双方在工作票上签字确认。客户方由具备资质的电气工作人员许可，并对工作票中安全措施的正确性、完备性，现场安全措施的完善性以及现场停电设备有无突然来电的危险负责。

（二）现场站班会

工作内容

确认现场作业前，需召开站班会，工作负责人向工作班成员交代以下事项：

√ 交代工作内容，明确具体分工。

√ 强调安全注意事项，告知危险点。

◆周边环境；◆高处坠落；◆高处坠物；

◆损坏设备；◆人员摔伤；◆触电伤害；

◆电弧灼伤。

√ 工作班成员明确工作任务，签字确认。

注意要点

√ 严禁违章指挥、无票作业。

√ 遵守相关规程和制度，文明施工。

√ 工作班成员服从工作负责人指挥。

（三）安全措施确认

工作内容

√ 检查作业环境。

√ 计量柜（箱）体验电（验电前需确认验电笔正常）。

√ 工作区范围内应有设立的标示牌或护栏。

√ 作业工具绝缘保护应符合《电力安全工作规程》的规定，工具、材料必须妥善放置并站在绝缘垫上进行工作。

（四）现场操作（采用标准表法）

1. 检查现场作业环境是否满足检定要求

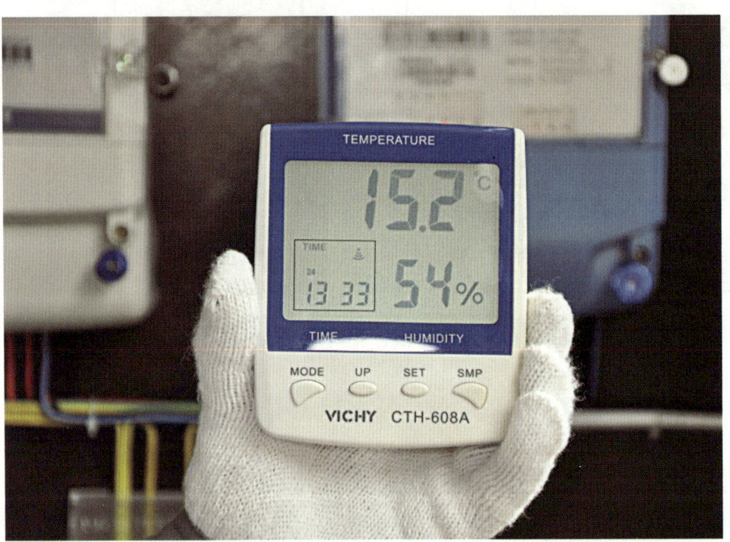

检定要求

√ 环境温度：0~35摄氏度。

√ 相对湿度<85%。

2. 核对计量装置信息

工作内容

√ 按照《电能表现场校验单》，现场核对户名、户号及电能计量器具的型号、规格、资产编号等内容，并检查外观是否完好。

√ 检查电能计量装置计量柜（箱）门、窗是否完好。

3. 拆除封印

工作内容

检查计量柜（箱）前后门、电能表表盖、终端表盖、编程按钮盖板、联合接线盒及计量压变闸刀等位置封印是否完好。

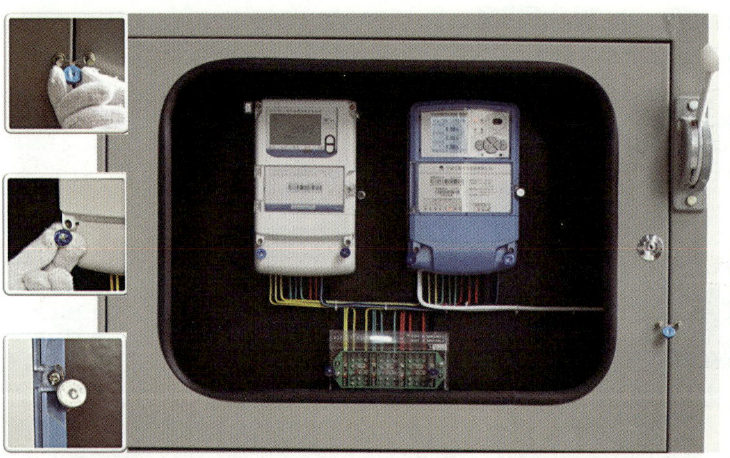

拆除表柜封印

拆除的封印需回收

注：如发现现场封印存在异常，通知电能计量装置管辖单位用电检查人员到现场会同处理。

4. 检查计量装置运行信息

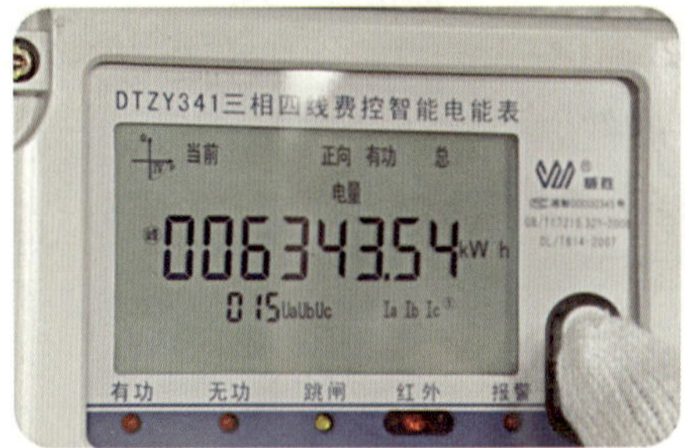

检查各费率电量之和与总电量是否相等

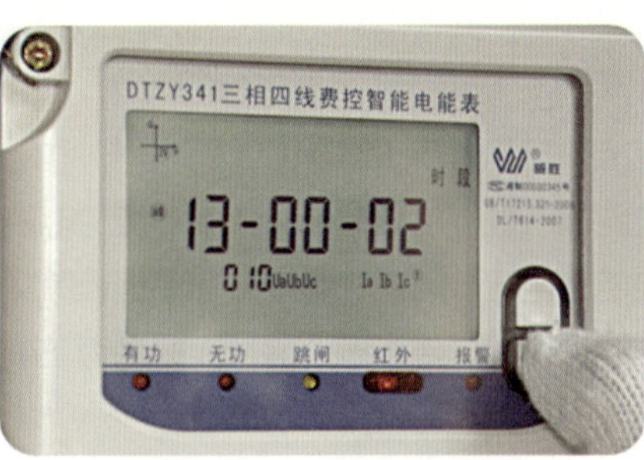

检查时间、时段是否正常

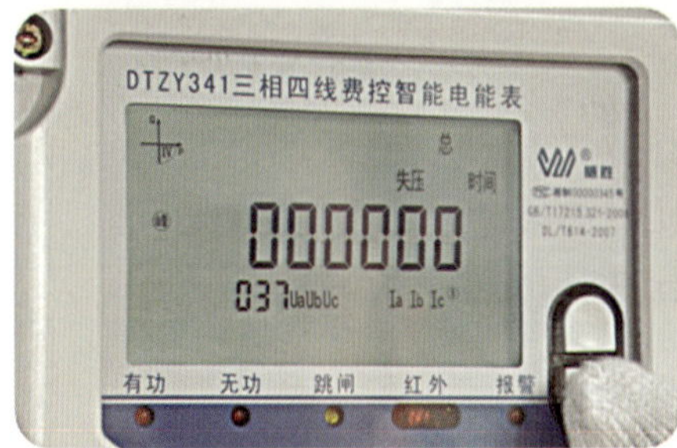

查询电能表失压信息

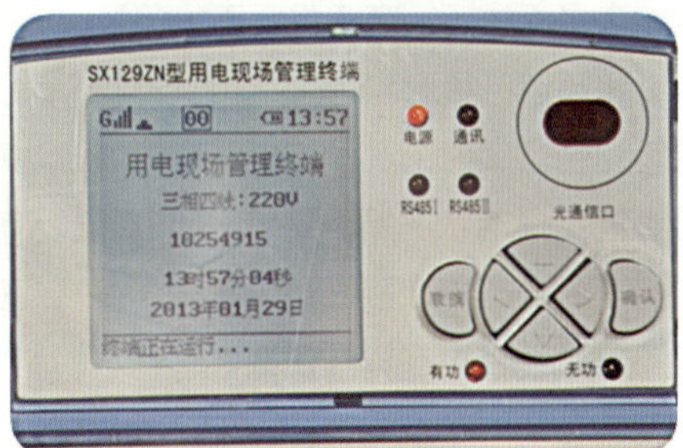

检查终端运行情况

工作内容

√ 检查电能表显示是否正常。

√ 抄录电能表示数，检查有分时计度功能的电能表示数，其总及各时段示数是否正常。

√ 检查电能表电压、电流、功率、功率因素等实时工况是否正常。

√ 核查电能表时段、结算日、需量周期是否正确。

√ 检查电能表日期、时间是否准确。

√ 检查电能表电池是否欠压。

√ 检查电能表是否失压，查阅失压历史记录。

√ 检查现场终端运行状况：

（1）检查运行的实时工况，如电压、电流、功率、功率因素与电能表实时工况比对；

（2）检查网络通信状况是否完好，如液晶显示窗口、无线网络登录是否正常；

（3）检查终端与电能表接线是否正确，终端门接点开闭功能是否完好；

（4）检查终端是否存在异常告警。

5. 检查校验仪

校验仪本机接线

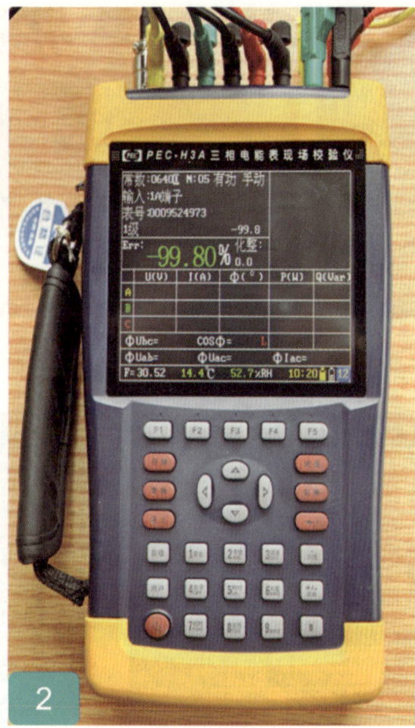

开机

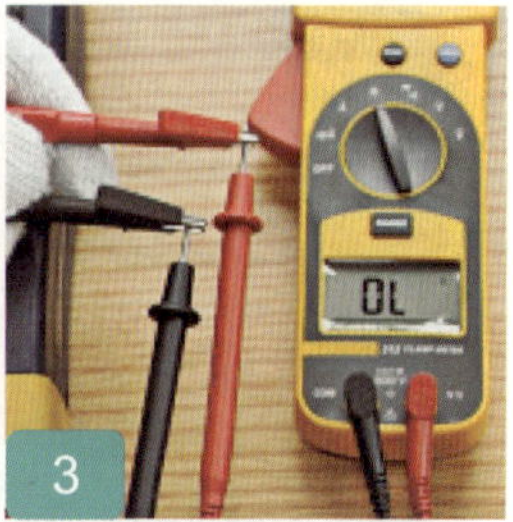

校验仪电压回路检查

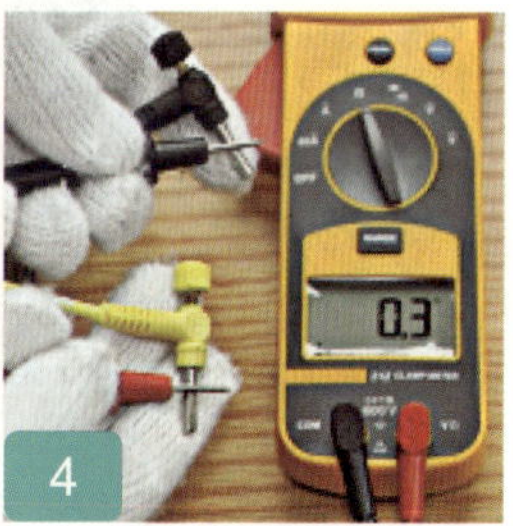

校验仪电流回路检查

工作内容

将电流、电压专用试验线分别接入现场校验仪电流、电压端子，用万用表电阻挡（电流回路用最小挡，电压回路用最大挡）检查电能表现场校验仪电压、电流回路是否正常。

6. 设置检验参数

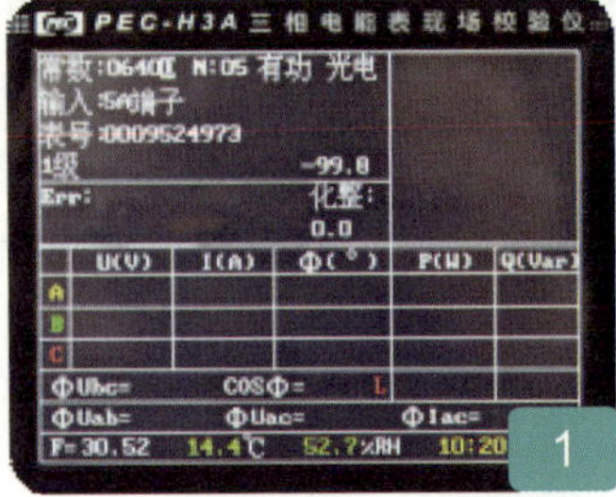

设置电能表常数

设置校验脉冲（圈）数

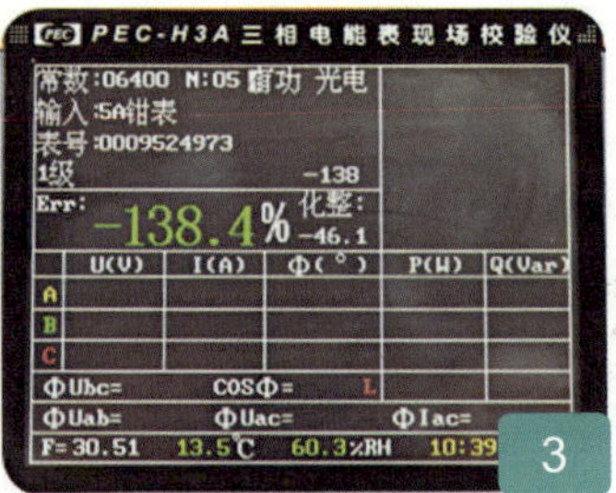

设置电能表类型

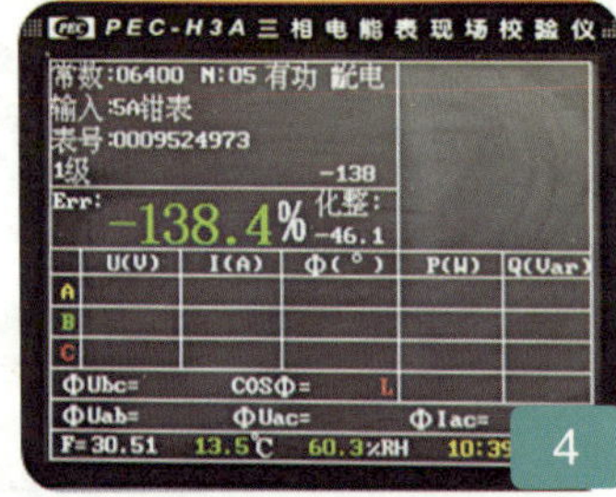

设置校验仪控制方式

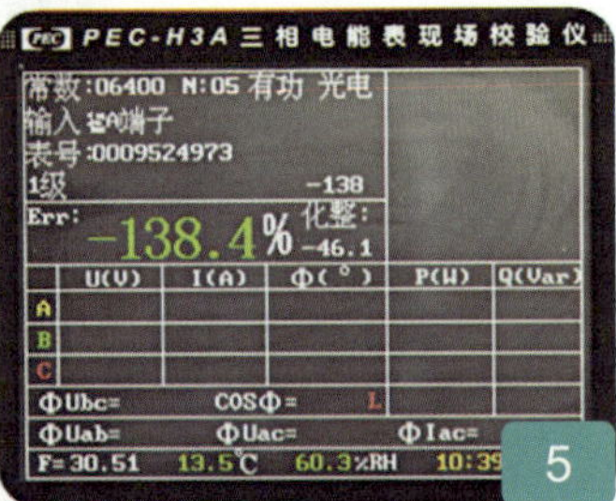

设置校验仪电流输入方式

7. 接线

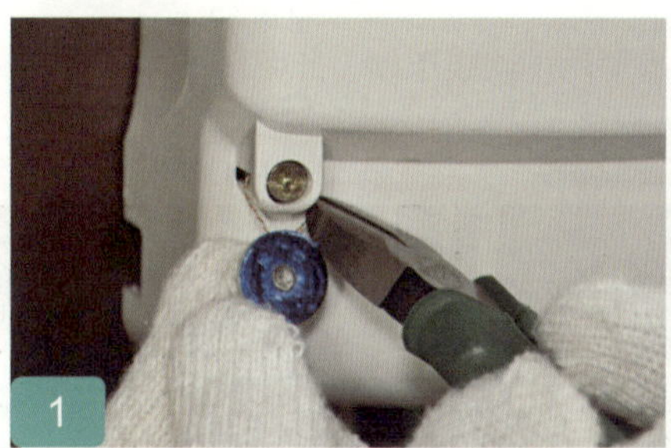

拆除电能表封印

拆除联合接线盒封印

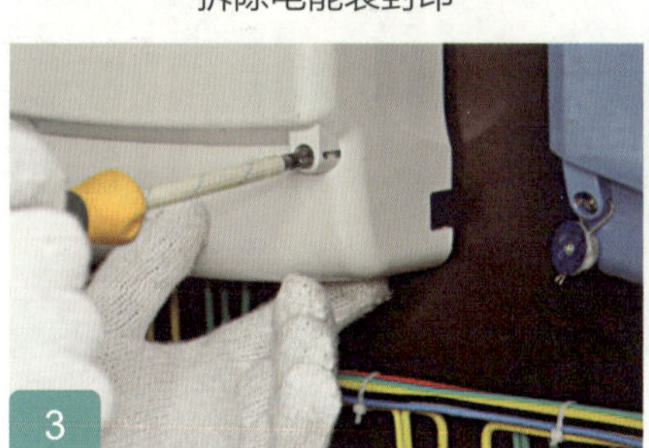

卸下电能表表盖

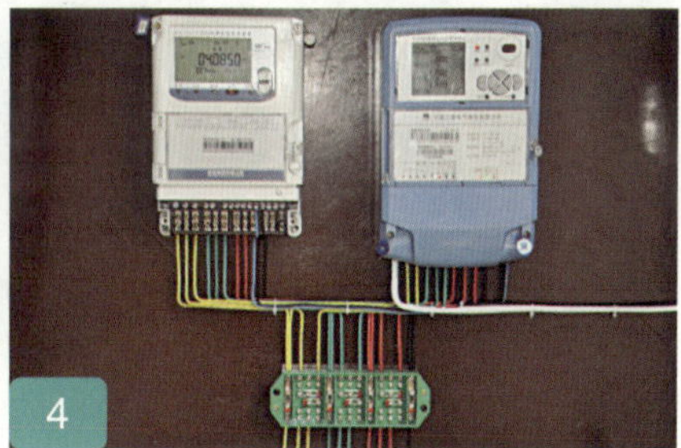

卸下联合接线盒罩壳

工作内容

通过联合接线盒，将电能表现场校验仪的电压、电流专用试验线按序（先电压线、后电流线）接入被检电能表的电压、电流回路，并确保连接可靠。

接入零线

接入相线

注意事项

√ 电压回路接线，三相四线计量装置先接零线，三相三线计量装置先接B相，再接其余相。

√ 接线时观察现场校验仪上电压显示是否正常。

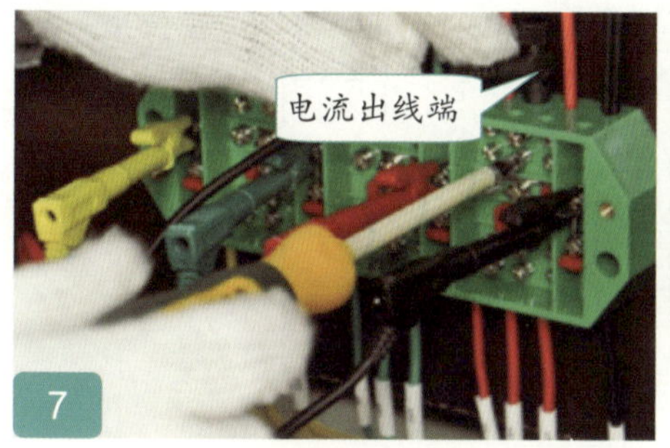

电流回路出线接线

电流回路进行接线

逐相接好其余相电流回路

注意事项

√ 电流回路接线时，应先将电能表现场校验仪电流试验线的出线回路接入联合接线盒，然后将进线回路接入联合接线盒。

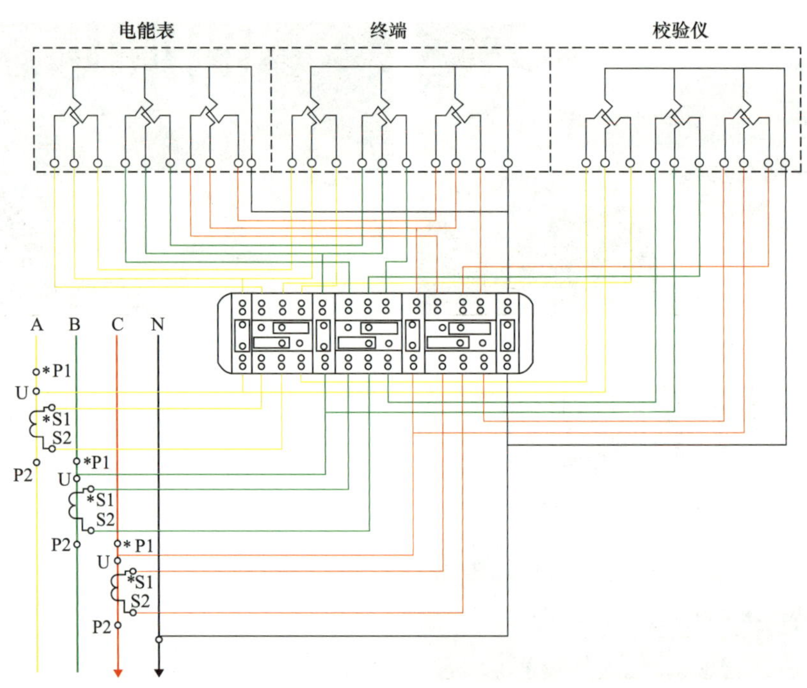

三相四线高供低计计量装置现场检验接线

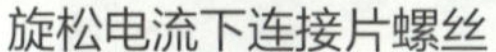
旋松电流下连接片螺丝

断开电流回路连接片

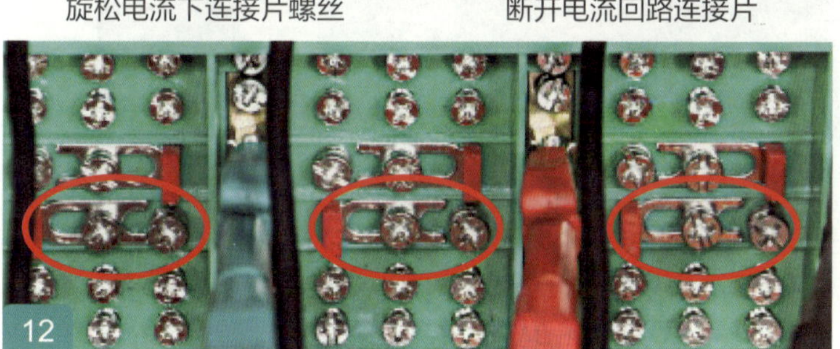

逐相断开其余相电流回路连接片

注意事项

√ 观察现场校验仪显示的电压正常后，松开电流短接片时需观察接线盒连接片处是否有火花，并观察现场校验仪电流显示状况。当电流显示异常时，立即恢复电流短接片，进行异常检查。

注：电压互感器二次回路严禁短路或接地，电流互感器二次回路严禁开路。在接通和断开电流端子时，必须用仪表进行监视。

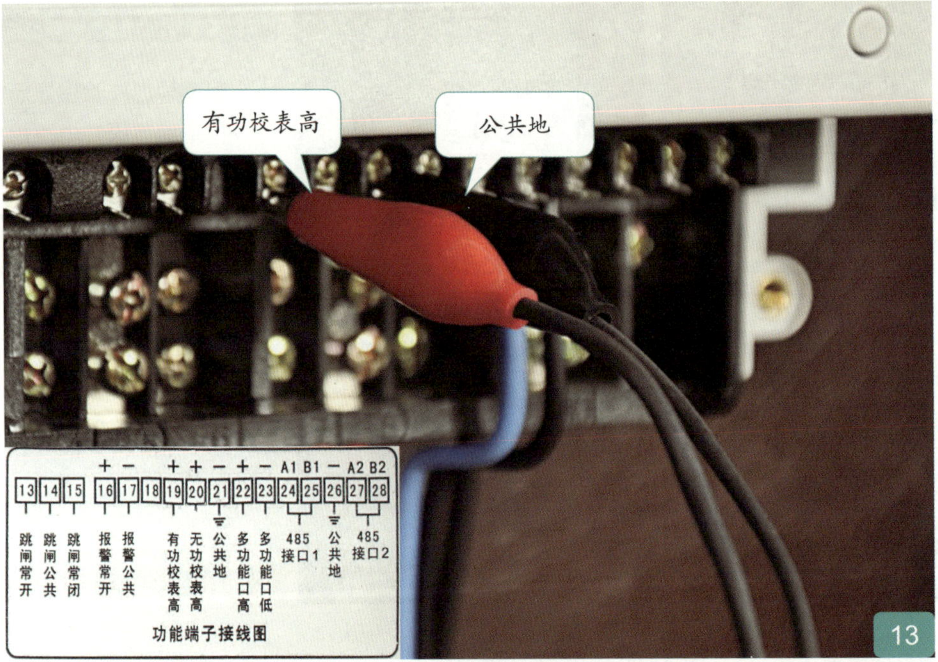

有功校表高

公共地

				+	−		+	+	−	+	−	A1	B1	−	A2	B2
端子	13	14	15	16	17	18	19	20	21	22	23	24	25	26	27	28
功能	跳闸常开	跳闸公共	跳闸常闭	报警常开	报警公共		有功校表高	无功校表高	公共地	多功能口高	多功能口低	485接口1		公共地	485接口2	

功能端子接线图

13

校验脉冲取样回路接线

8. 预热

注意事项

√ 标准表接入电路的通电预热时间，应严格遵照使用说明中的要求。

√ 如无明确要求，通电时间不得少于15分钟。

9. 计量装置接线检查

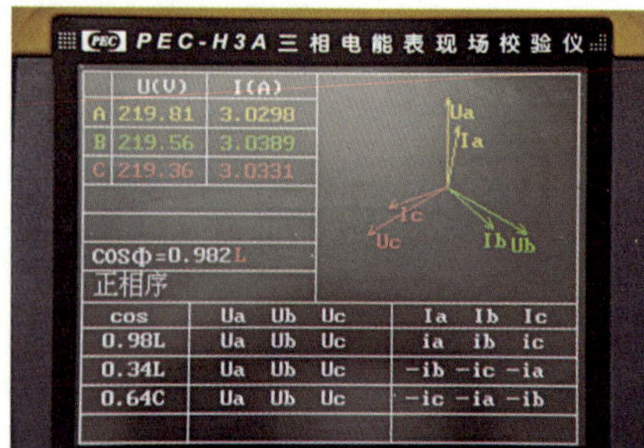

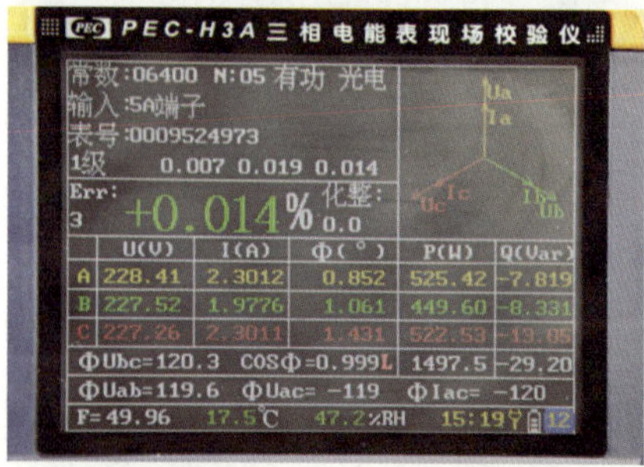

工作内容

检查计量装置的相量关系：

根据现场校验仪显示的相量图或数据，与实际负荷电流及功率因数相比较，分析判断电能表的接线是否正确。如发现被校计量装置存在接线错误等故障，应立刻停止工作，并通知用电检查人员到现场会同处理。

检查实际负荷各项参数是否满足技术要求：

√ 电压对额定值的偏差不应超过±10%；

√ 频率对额定值的偏差不应超过±2%；

√ 现场检验时，当负荷电流低于被检电能表标定电流的10%（对于S级的电能表为5%）或功率因素低于0.5时，不宜进行误差测定；

√ 负荷相对稳定。

注：现场检验条件不满足校验条件时，告知客户择日现场检验。

10. 检验

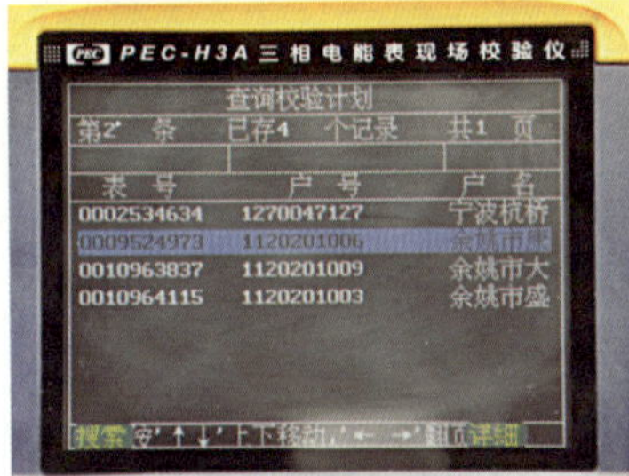

选择已下装的被校客户信息

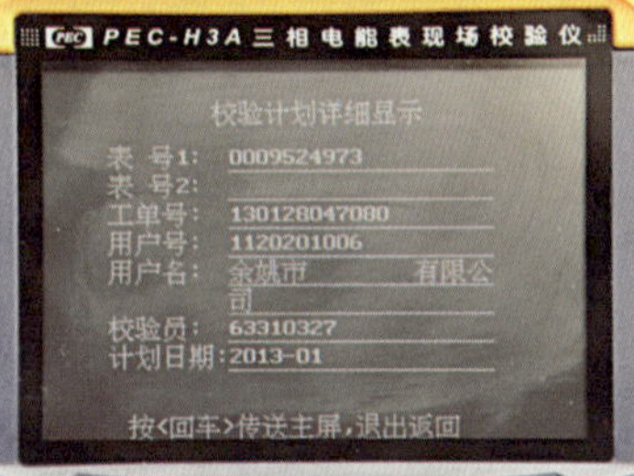

核对被检验电能表信息

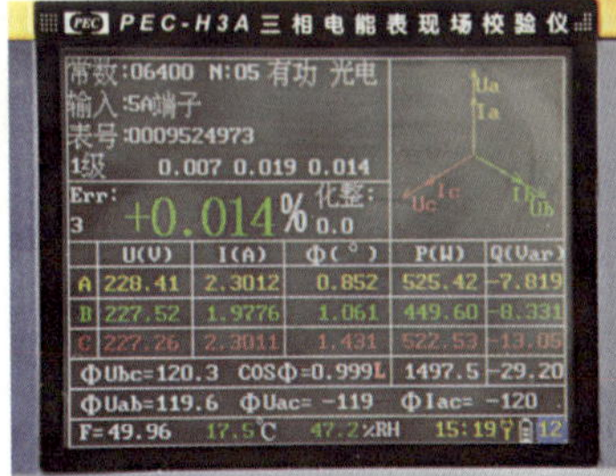

检验（不少于两次）

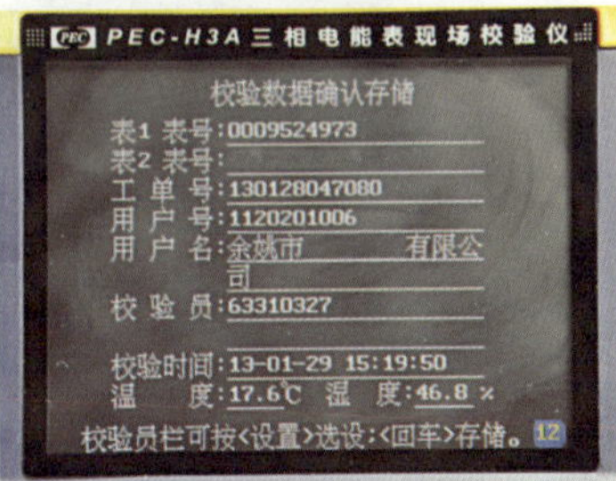

结果保存

注意事项

√ 测定次数一般不得少于2次，取其平均值作为实际误差，但对有明显错误的读数应该舍去。当实际误差在最大允许值的80%~120%时，至少应再增加2次测量，取多次测量数据的平均值作为实际误差。

√ 记录测定的误差原始数据，按要求进行数据化整。

11. 客户签字确认

注意事项

√ 现场检验电能表的误差均应在其等级允许范围内，将检验结果（修正后误差）和有效期等有关项目填入现场检验记录单。当现场检测电能表的误差超过其等级指标时，应及时更换电能表，同时应填写详细的检验报告，现场严禁调表。

√ 告知客户电能计量装置运行状况和误差测试情况，请客户在现场检验记录单上签字确认。

12. 拆除接线

拆除脉冲取样回路

短接A相电流下连接片

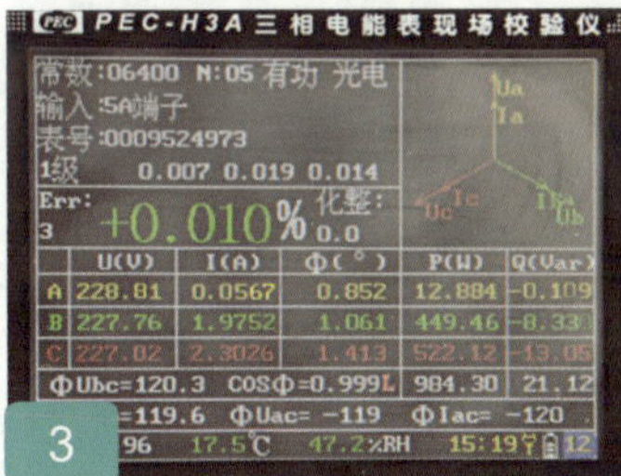

短接时需观察校验仪上显示的电流是否接近为零

逐相短接电流回路连接片

先拆除电流回路进线端接线

再拆除出线端接线

逐相拆除电流回路接线

电流回路接线拆除完毕

拆除电压线（A相）

逐相拆除电压线后，拆除零线

注意事项

拆除电压回路接线时，三相四线计量装置先拆相线，后拆零线；三相三线计量装置先拆A、C相线，后拆B相线。

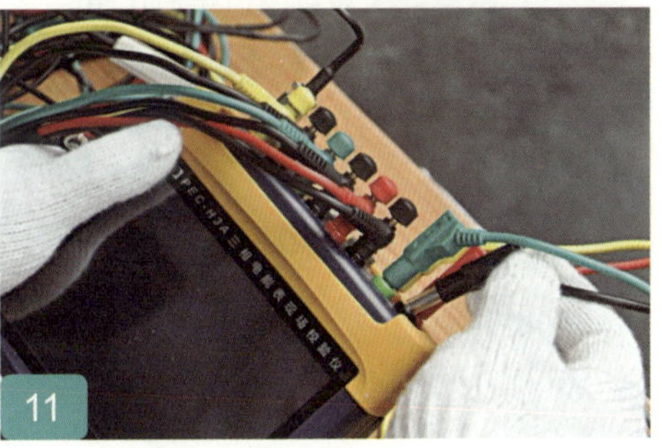

关机，拆除校验仪本机接线

13. 封印

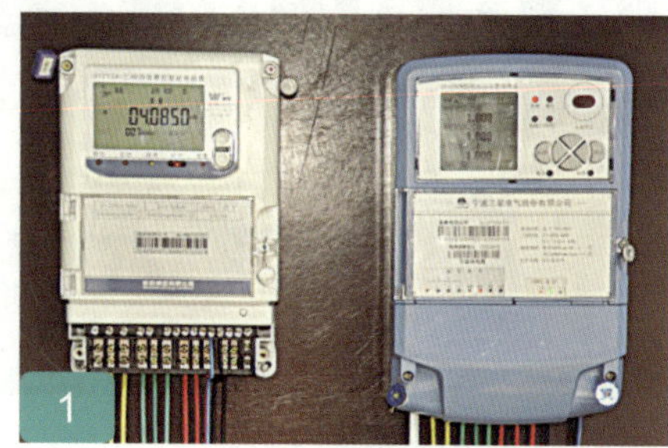

检查计量装置运行是否正常

盖上联合接线盒罩壳、电能表表盖

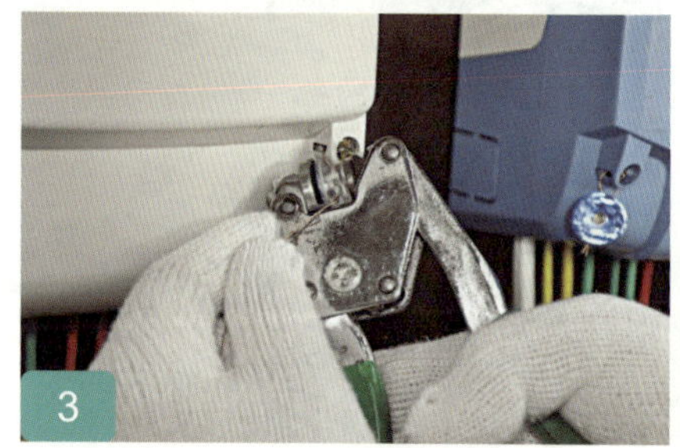

柜内封印

表柜封印

14. 清理现场

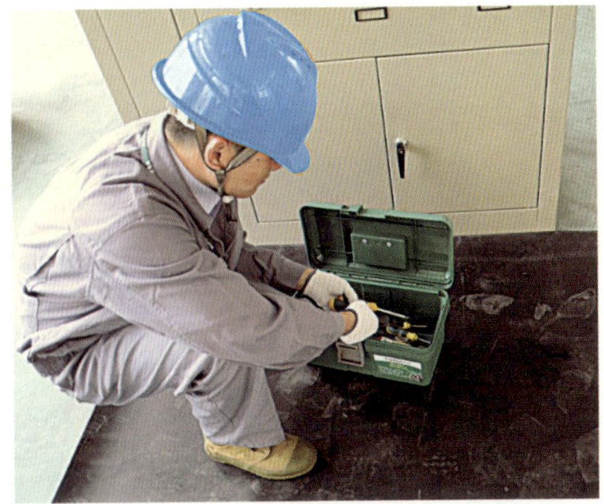

工作内容

现场检验完毕，工作人员整理工器具、材料，清理作业现场。

注：在现场检验电能表时，还应检查下列不合理的计量方式。

工作内容

√ 电流互感器的变比过大，致使电流互感器经常在20%（S级：5%）额定电流以下运行的。

√ 电能表接在电流互感器非计量二次绕组上。

√ 电压与电流互感器分别接在电力变压器不同侧的；电能表电压回路未接到相应的母线电压互感器二次上。

√ 无换向计度器的感应式无功电能表和双向计量的感应式有功电能表无止逆器的。

√ 发现以上问题，提交相关部门处理。

五 现场作业结束

（一）结束工作票

工作内容

现场作业结束，办理工作票终结手续。

（二）检验数据上装

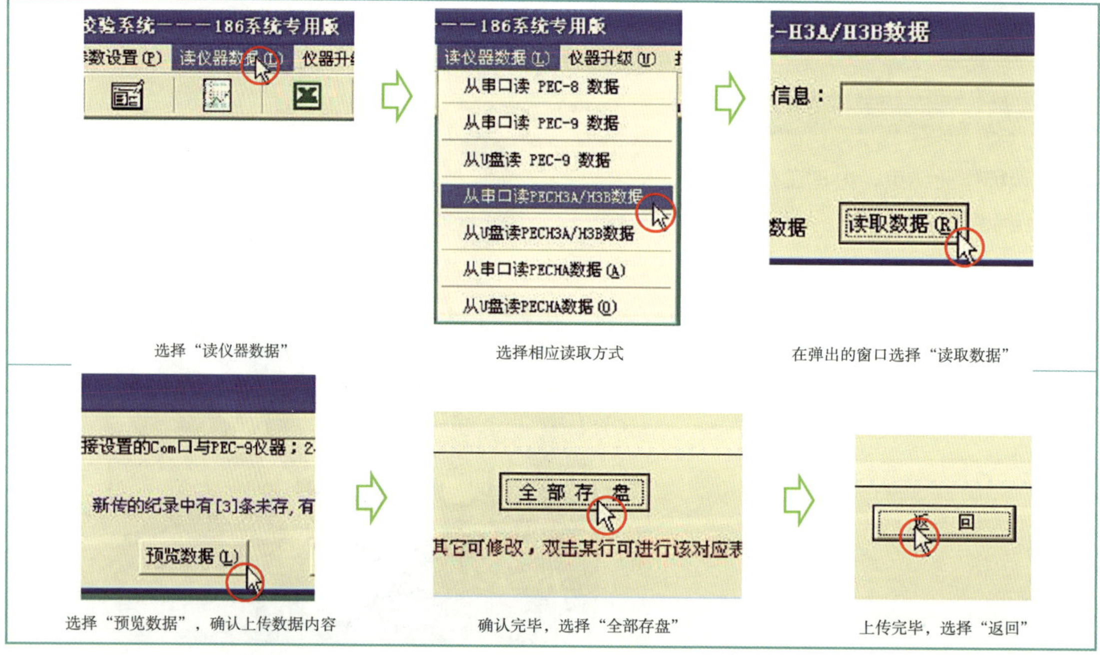

选择“读仪器数据”

选择相应读取方式

在弹出的窗口选择“读取数据”

选择“预览数据”，确认上传数据内容

确认完毕，选择“全部存盘”

上传完毕，选择“返回”

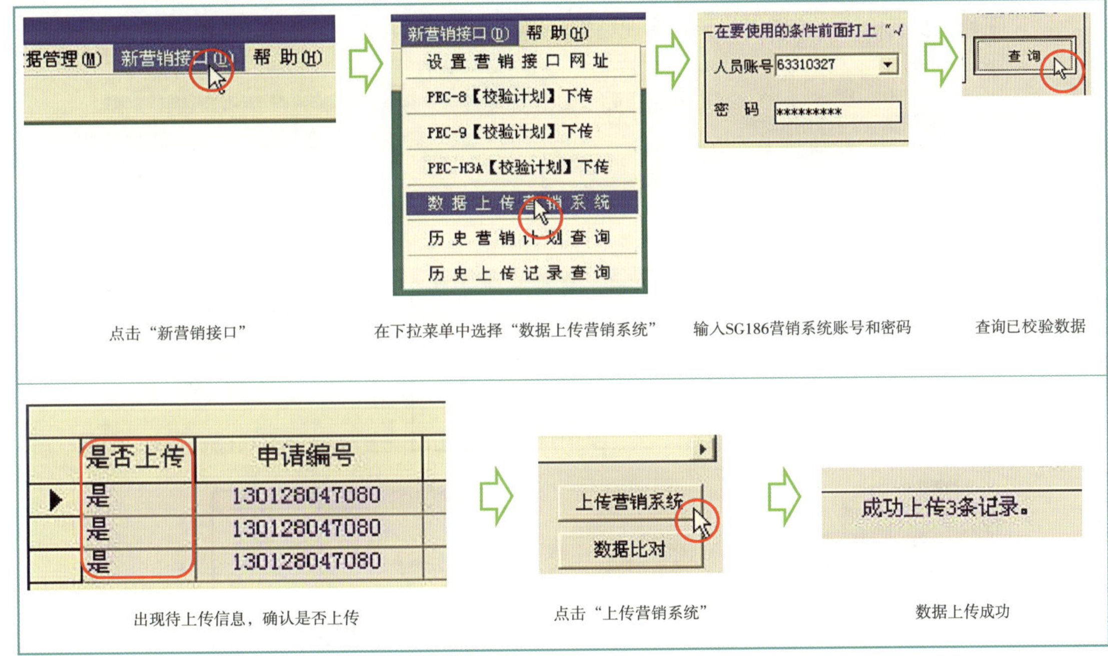

点击"新营销接口"

在下拉菜单中选择"数据上传营销系统"

输入SG186营销系统账号和密码

查询已校验数据

出现待上传信息，确认是否上传

点击"上传营销系统"

数据上传成功

（三）资料录入营销系统

工作人员在检验工作结束当天，将现场检验信息录入营销系统，完成流程归档。

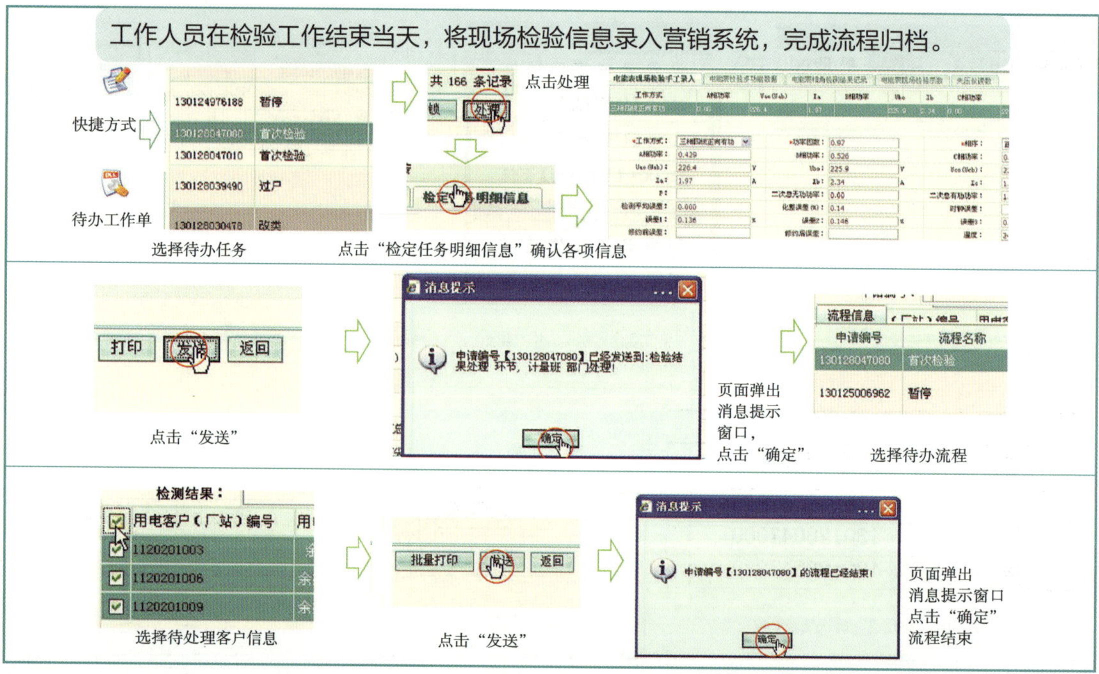

选择待办任务　点击“检定任务明细信息”确认各项信息

点击“发送”　选择待办流程

选择待处理客户信息　点击“发送”

（四）电能表现场检验单存档

注意事项

原始记录填写应用签字笔或钢笔书写，不得任意修改。电能表现场检验误差原始记录档案应妥善保管。

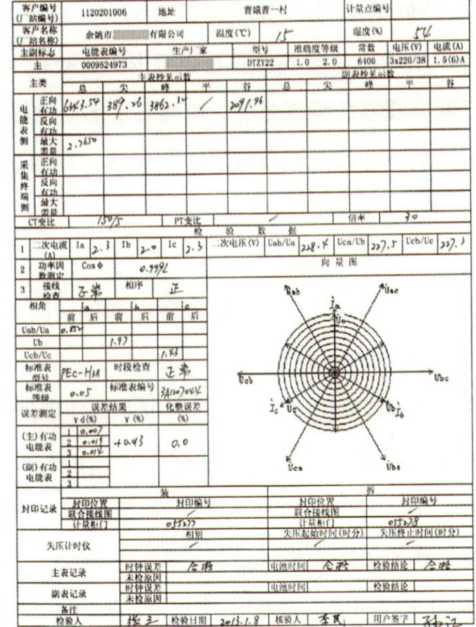

三相电能表现场检验记录

客户编号（厂站编号）	1120201006	地址	曹娥曹一村	计量点编号	
客户名称（厂站名称）	余姚市　有限公司	温度（℃）	15	湿度（%）	56

主副标志	电能表编号	生产厂家	型号	准确度等级	常数	电压（V）	电流（A）
主	0009524973		DTZY22	1.0　2.0	6400	3x220/38	1.5(6)A

主类		主表抄见示数 总	尖	峰	平	谷	副表抄见示数 总	尖	峰	平	谷
电能表侧	正向有功	6343.54	389.26	3862.34	/	2091.96					
	反向有功										
	最大需量	2.7650									
采集终端侧	正向有功										
	反向有功										
	最大需量										

CT变比	150/5	PT变比	/	倍率	30

检验数据

1	二次电流（A）	Ia	2.3	Ib	2.0	Ic	2.3	二次电压（V）	Uab/Ua	228.4	Ucn/Ub	227.5	Ucb/Uc	227.1
2	功率因数测定	Cos φ	0.9996											
3	接线检查	正常	相序	正										

相角	Ia 前	Ia 后	Ib 前	Ib 后	Ic 前	Ic 后
Uab/Ua	0.852					
Ub			1.97			
Ucb/Uc					1.83	

标准表型号	PEC-H3A	时段检查	正常
标准表等级	0.05	标准表编号	3A1207044

误差测定		误差结果 γd（%）	γ（%）	化整误差（%）
（主）有功电能表	1	0.007	+0.43	0.0
	2	0.019		
	3	0.014		
（副）有功电能表	1			
	2			
	3			

向量图

封印记录	装 封印位置	封印编号	拆 封印位置	封印编号
	联合接线图	/	联合接线图	/
	计量柜门	055277	计量柜门	055278

失压计时仪	相别	失压起始时间（时分）	失压终止时间（时分）
	/	/	/

主表记录	时钟误差	合格	电池时间	合格	检验结论	合格
	未检原因					
副表记录	时钟误差		电池时间		检验结论	
	未检原因					
备注						
检验人	[illegible]	检验日期	2013.1.8	核验人	[illegible]	用户签字 [illegible]

附件：DL/T 448—2000《电能计量装置技术管理规程》里相关校验规定

a）电能计量技术机构应制订电能计量装置的现场检验管理制度。编制并实施年、季、月度现场检验计划。现场检验应执行SD109和本标准的有关规定。现场检验应严格遵守电业安全工作规程。

b）现场检验用标准器准确度等级至少应比被检品高两个准确度等级，其他指示仪表的准确度等级应不低于0.5级，量限应配置合理。电能表现场检验标准应至少每三个月在试验室比对一次。

c）现场检验电能表应采用标准电能表法，利用光电采样控制或被试表所发电信号控制开展检验。宜使用可测量电压、电流、相位和带有错接线判别功能的电能表现场检验仪。现场检验仪应有数据存储和通信功能。

d）现场检验时不允许打开电能表罩壳和现场调整电能表误差。当现场检验电能表误差超过电能表准确度等级值时应在三个工作日内更换。

e）新投运或改造后的Ⅰ、Ⅱ、Ⅲ、Ⅳ类高压电能计量装置应在一个月内进行首次现场检验。

f）Ⅰ类电能表至少每3个月现场检验一次；Ⅱ类电能表至少每6个月现场检验一次；Ⅲ类电能表至少每年现场检验一次。

g）高压互感器每10年现场检验一次，当现场检验互感器误差超差时，应查明原因，制订更换或改造计划，尽快解决，时间不得超过下一次主设备检修完成日期。

h）运行中的电压互感器二次回路电压降应定期进行检验。对35千伏及以上电压互感器二次回路电压降，至少每两年检验一次。当二次回路负荷超过互感器额定二次负荷或二次回路电压降超差时应及时查明原因，并在一个月内处理。

i）运行中的低压电流互感器宜在电能表轮换时进行变比、二次回路及其负载检查。

j）现场检验数据应及时存入计算机管理档案，并应用计算机对电能表历次现场检验数据进行分析，以考核其变化趋势。

Part 5

常见故障篇 >>

常见故障篇主要针对电能表、计量装置接线、采集器等各类计量装置日常运行中较为常见的41种故障现象，通过常见原因分析，提出行之有效的处理方法。旨在提高装表接电人员的故障判断能力，为现场计量装置故障处理提供判断依据，预防或最大程度减少因故障产生的影响与危害。

一 智能电能表告警类

智能电能表中存储有大量事件，这些事件对我们及时发现和判断窃电事件、干扰事件、电能表质量故障提供了很大帮助。

2009版智能电能表，各种重要事件都能通过电能表屏幕显示的异常代码进行查询了解。在实际使用中，一方面由于智能电能表显示的异常代码太多，不易记忆；另一方面有些异常代码只表示负荷异常，只要用户调整负荷使用情况，异常代码即可消失。但由于用户不了解电能表异常代码的含义，误认为是电能表故障，要求供电公司给予现场处理，甚至引起纠纷，这样就增加了很多不必要的工作。

根据2013年发布的DL/T 645—2007《多功能电能表通信协议》及其备案文件要求，2013版智能电能表只保留部分电能表故障、事件屏幕显示功能，大部分的电能表故障、事件是通过电能表主动上报功能来实现。电能表主动上报功能就是当电能表发生故障和事件后，将故障和事件上报采集主站，以便工作人员及时发现和处理。

（一）2009版智能电能表告警类

1. 继电器回路故障（Err–01）

故障现象：液晶屏显示Err–01；报警灯亮。

常见原因：1）继电器控制程序与继电器运行状态不符合；

2）继电器故障。

处理方法：更换电能表。

备　　注：一般不涉及计量准确性。

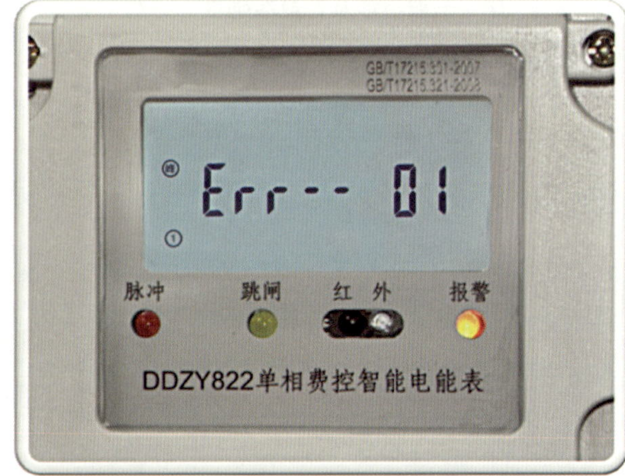

2. 密钥验证失败（Err–02）

故障现象：在拉、合闸时液晶屏显示Err–11且10秒后消失，然后液晶显示Err–02，报警灯亮。

常见原因：1）ESAM芯片损坏；

2）ESAM模块程序未复位。

处理方法：一般情况下电能表重新上电后即可恢复正常。如重新上电仍显示Err–02，则需更换电能表。

备　　注：一般不涉及计量准确性。

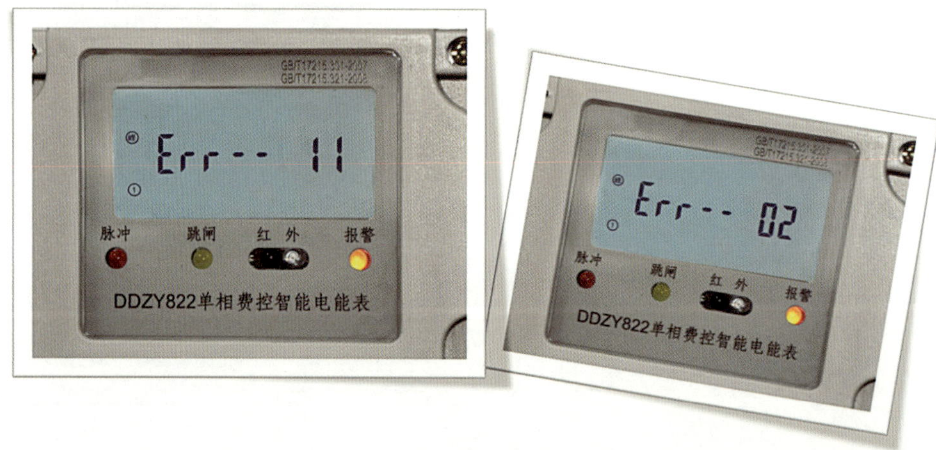

3. 时钟电池欠压（Err–04）

故障现象：液晶屏显示Err–04，同时显示电池欠压符号，报警灯亮；或在电网停电情况下，电能表无法触发显示。

常见原因：1）电能表时钟芯片功耗较大；

2）电能表存储环境温度、湿度长期超标；

3）电池故障。

处理方法：更换电能表。

备　　注：一般不涉及计量准确性。

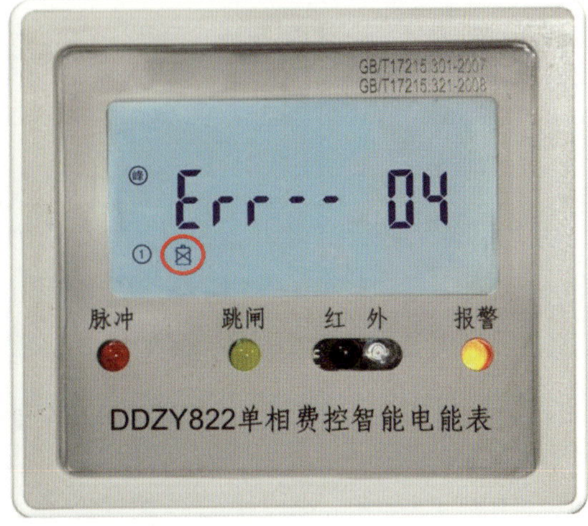

4. 存储器故障（Err–06）

故障现象：液晶屏显示Err–06；报警灯亮；失电后重新上电，则显示乱码。

常见原因：电网谐波或外电（磁）场引起存储器损坏。

处理方法：在电能表失电前，立即记录电能表数据，以防表计数据丢失；然后更换电能表。

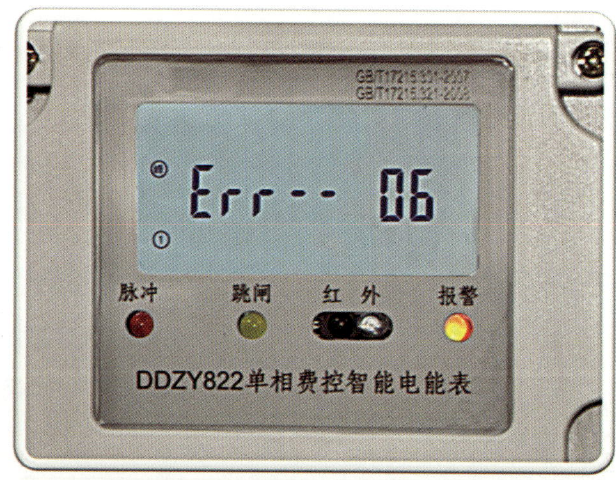

5. 时钟失准（Err–08）

故障现象：液晶屏显示Err–08；报警灯亮，电能表时钟出现乱码，时间误差大。

常见原因：1）晶振频率误差大或晶振损坏；

2）时钟芯片虚焊。

处理方法：更换电能表。

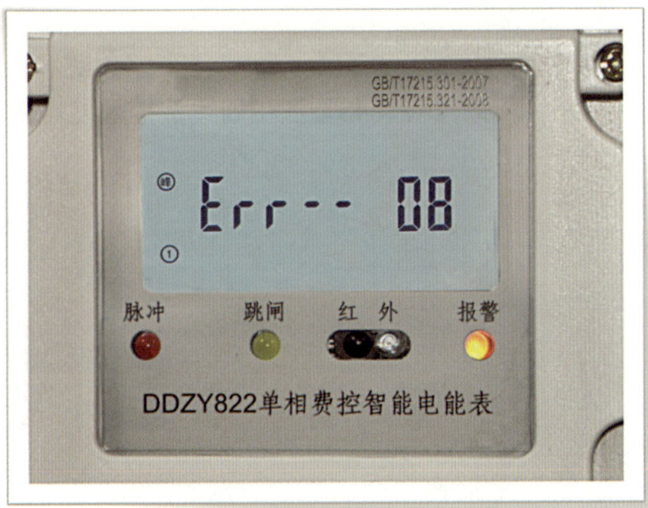

6. 用电负荷过载（Err–51）

故障现象：液晶屏显示Err–51；报警灯亮。

常见原因：用电负荷过载。

处理方法：客户控制用电功率或办理增容手续。

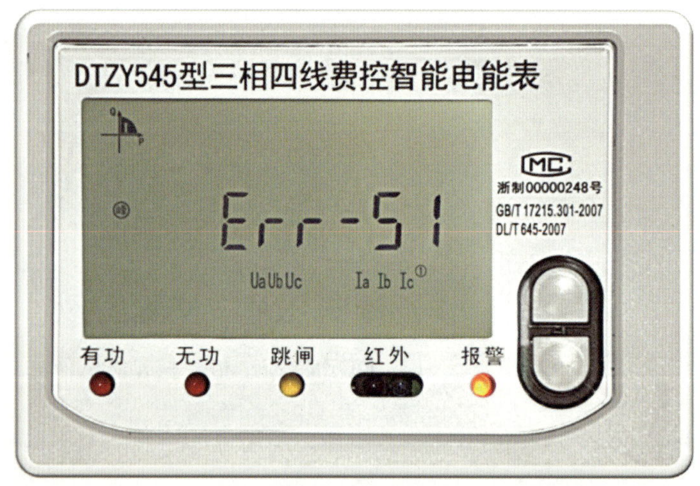

7. 三相用电电流严重不平衡（Err–52）

故障现象：液晶屏显示Err–52；报警灯亮。

常见原因：客户三相用电电流（负荷）严重不平衡。

处理方法：客户调整三相用电负荷。

备　　注：一般不涉及计量准确性。

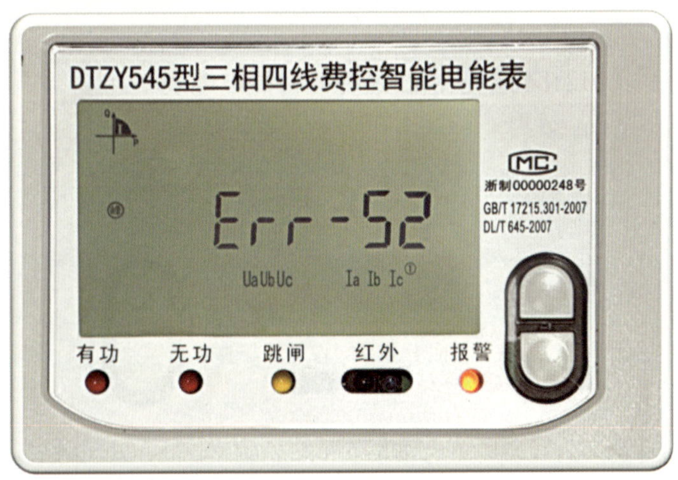

8. 过电压（Err–53）

故障现象：液晶屏显示Err–53；报警灯亮。

常见原因：电源过电压。

处理方法：查找电源过电压原因，并消除。

备　　注：一般不涉及计量准确性。

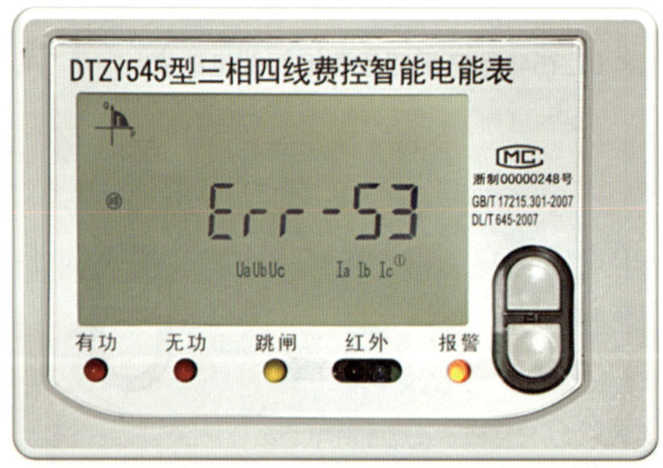

9. 功率因数超限（Err–54）

故障现象：液晶屏显示Err–54；报警灯亮。

常见原因：用电功率因数超限。

处理方法：查找功率因数超限原因，并消除。

备　　注：一般不涉及计量准确性。

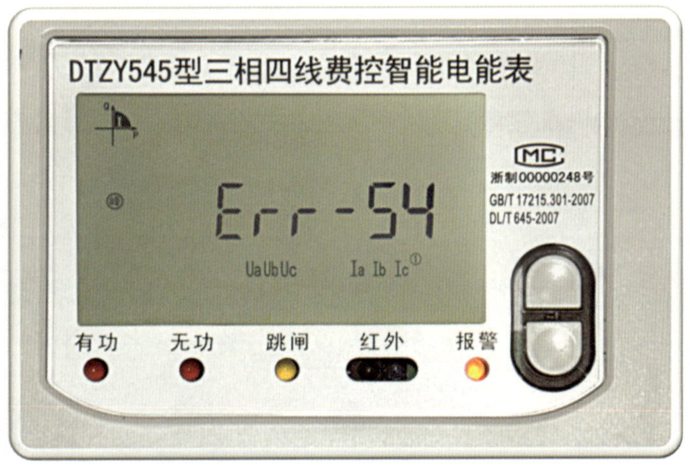

（二）2013版智能电能表告警类

1. 时钟电池欠压告警

故障现象：液晶屏显示欠压符号；背光常亮；或在电网停电情况下，电能表无法触发显示。

常见原因：1）电能表时钟芯片功耗较大；

2）电能表存储环境温度、湿度长期超标；

3）电池故障。

处理方法：更换电能表。

备　　注：一般不涉及计量准确性。

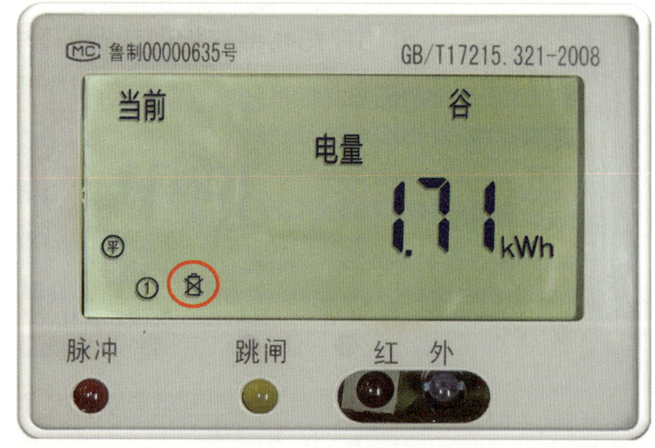

2. 极性反告警（单相）

故障现象：液晶屏显示“—”符号，且表计显示“←”反向符号。

常见原因：表计在1号与2号相线端子进出线反接。

处理方法：更正接线或换表，更正系数K=-1。

备　　注：表计在3号与4号零线端子进出线正反接时无影响，且均无特殊符号出现。

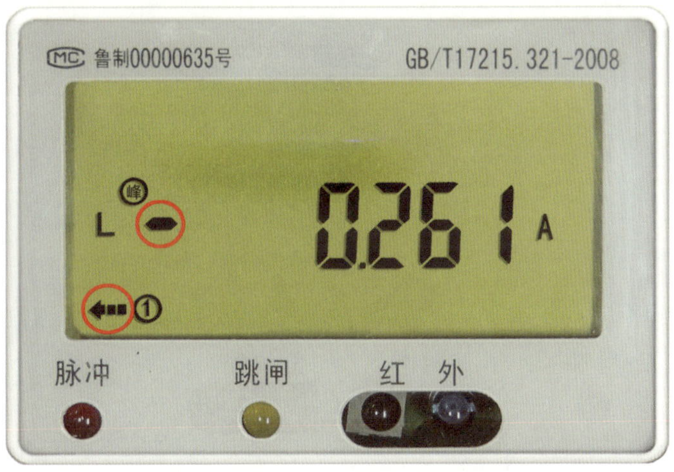

3. 拉闸告警

故障现象：液晶屏显示拉闸符号；跳闸灯亮。

常见原因：电能表处于拉闸状态。

处理方法：核对系统状态与现场是否一致。

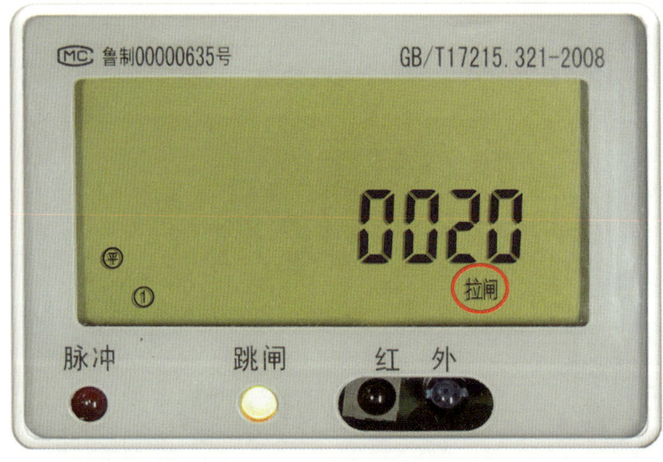

4. 请购电告警

故障现象：液晶屏显示“请购电”。

常见原因：本地费控（电量或金额）低于下限阀值。

处理方法：用户及时充值购电。

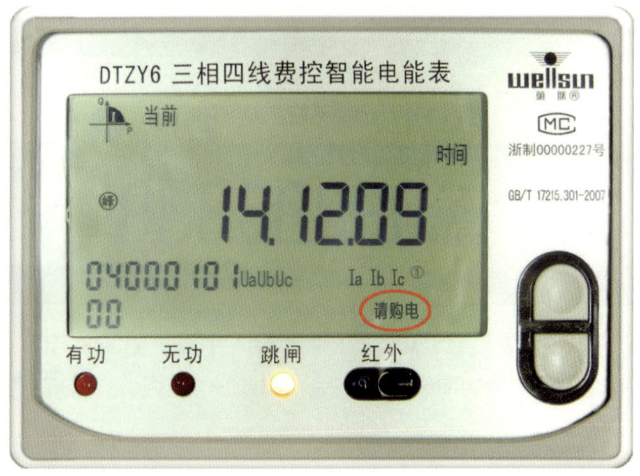

5. 主动上报告警类

电能表支持主动上报的故障、事件类型有：

电能表故障

控制回路错误、ESAM错误、内卡初始化错误、时钟电池、内部程序错误、存储卡故障或损坏、时钟故障。

电能表运行故障

停电抄表电池欠压、透支状态。

开盖事件

开表盖、开端纽盖。

电网异常事件

失压、欠压、过压、失流、过流、过载、功率反向、断相、断流、电压逆向序、电流逆向序、电压不平衡、电流不平衡、需量超限、总功率因数超下限、电流严重不平衡、总有功功率反向（双向计量除外）。

二 智能电能表故障类

1. 液晶黑屏

故障现象：正常上电状态下，液晶无显示。

常见原因：1）液晶驱动芯片未工作；

2）液晶屏损坏；

3）CPU损坏。

处理方法：更换电能表。

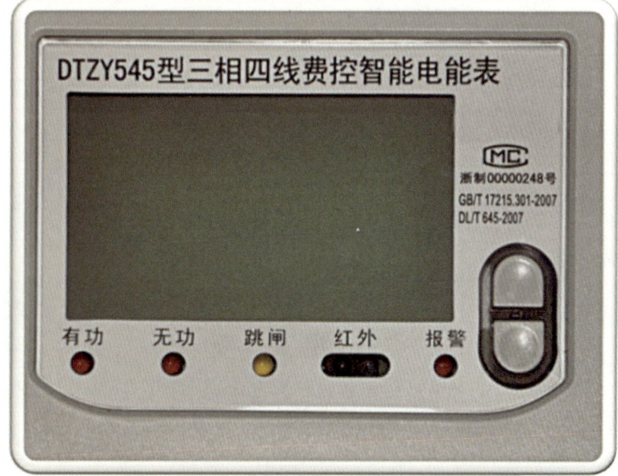

2. 液晶显示乱码

故障现象：液晶显示乱码。

常见原因：1）液晶显示器管脚虚焊；

2）液晶显示器笔画段损坏；

3）液晶驱动芯片或贴片电阻损坏。

处理方法：更换电能表。

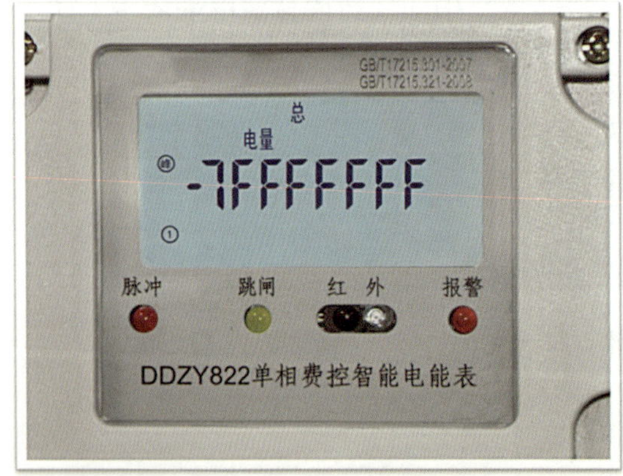

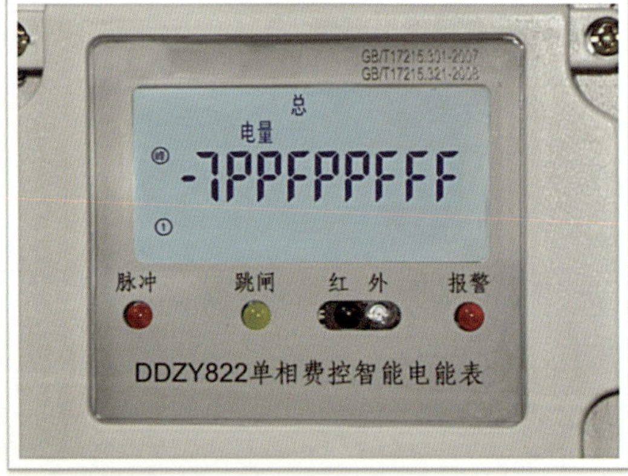

3. 电能表死机

故障现象：电能表通电后，液晶显示无反应（死机），或显示停滞；或数据乱跳。

常见原因：1）采样回路元件虚焊或损坏；

2）程序出错。

处理方法：更换电能表。

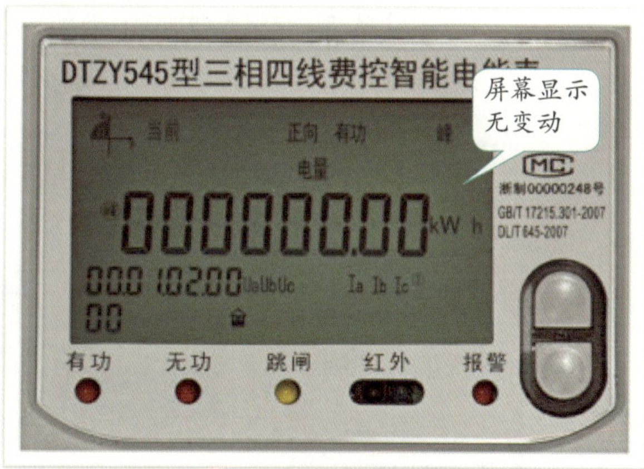

4. 电能表抄见电量与实际用电情况有明显差异

故障现象：电能表抄见电量与客户实际用电情况明显不符。

常见原因：1）计量芯片损坏；

2）采样回路元件虚焊或损坏。

处理方法：1）检查客户用电负荷与电能表显示功率是否一致；

2）判断表计脉冲常数是否正确，如电能表脉冲常数为1200脉冲/（千瓦·时）时，输出12个脉冲，电量应增加0.01千瓦·时，则脉冲常数正确；

3）用瓦秒法粗略判断计量是否准确，即在用电负荷恒定的情况下，应满足下式。

$$\text{电能表显示功率}P\text{（千瓦）}=\frac{N\text{（脉冲数）}\times 3600}{C\text{（电能表脉冲常数）}\times T\text{（起止脉冲输出时间，秒）}}$$

4）如存在上述问题，均应换表。

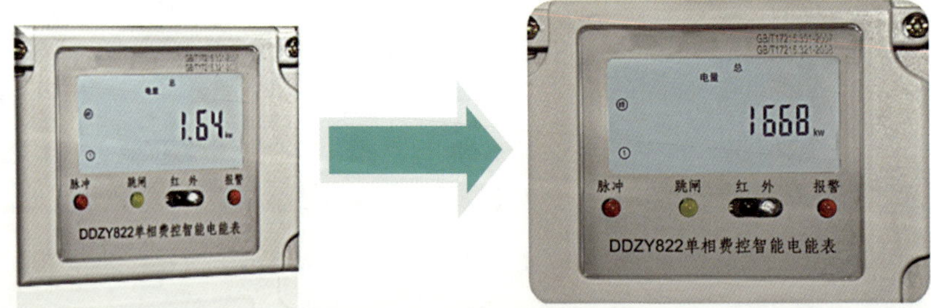

5. 电能表潜动

故障现象：客户在无用电负荷情况下，电能表存在计量现象。

常见原因：1）串户、漏电；

2）电能表潜动。

处理方法：1）检查电能表是否存在串户、漏电等现象；

2）检查三相电能表电源相序是否正确；

3）检查电能表是否潜动。如有潜动，更换电能表。

6. 红外通信故障

故障现象：1）当掌机发出命令，且相应电能表通信灯亮，液晶屏上有通信符号闪烁，掌机未接收相应电能表的应答；

2）当掌机发出命令，相应电能表通信灯不亮，液晶屏上无通信符号闪烁，掌机未接收应答数据。

常见原因：1）掌机电池容量不足；

2）掌机与被抄电能表的角度、距离过大；

3）被抄电能表地址与掌机内存地址不一致；

4）掌机红外通信口损坏；

5）被抄电能表的红外通信口损坏。

处理方法：1）更换掌机电池；

2）调整掌机抄表角度及距离；

3）检查电能表地址及掌机内存地址；

4）检查电能表外加电压；

5）更换掌机；

6）更换电能表。

备　　注：一般不涉及计量准确性。

7. 电能表不计量

故障现象：客户在正常用电情况下，电能表脉冲灯不闪，电量无累加；或脉冲灯闪烁、电量无累加。

常见原因：一般为计量芯片损坏。

处理方法：排除窃电及错接线可能后，更换电能表。

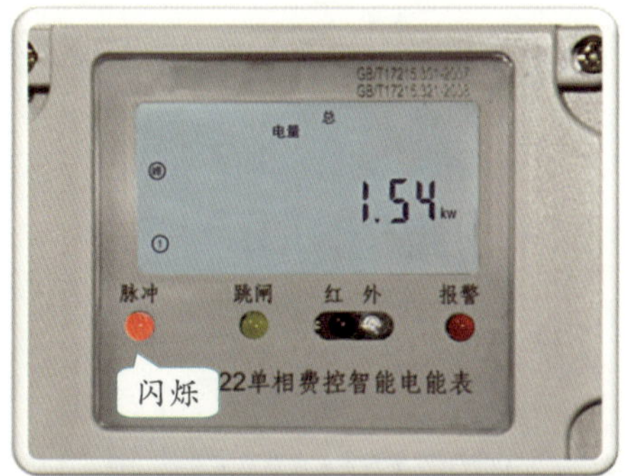

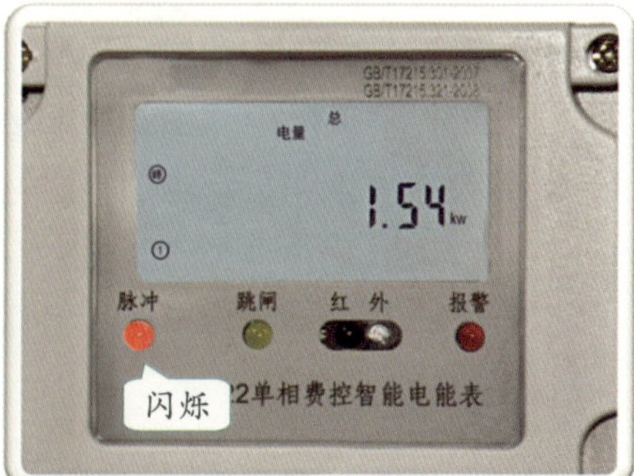

三 计量装置接线故障类

1. 单相电能表进出线接反

故障现象：1）电能表电流指示反向；

2）用掌机读取电能表正向有功电量示度为0、反向有功电量示度不为0；

3）通过采集系统抄表电量示度为0；

4）背景灯常亮。

常见原因：一般为单相电能表进出线接反。

处理方法：更正接线或换表，更正系数K=−1。

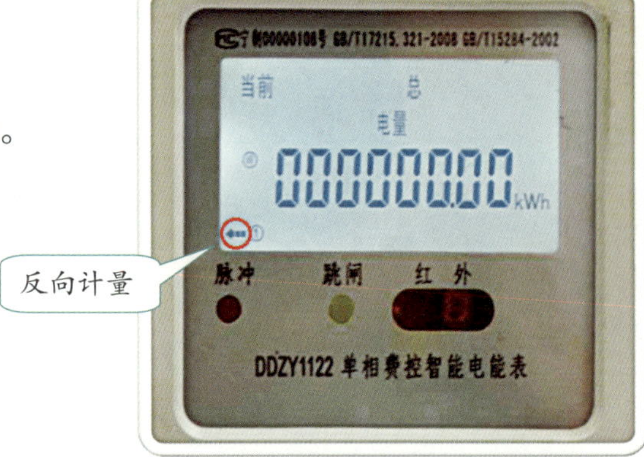

2. 三相四线电能表电压回路正常，一相电流反接

故障现象：1）电能表液晶显示一相电流为负，逆相序告警闪烁；

2）电能表按显电压正常，电流一相为负，有功总功率约等于$UI\cos\varphi$。

常见原因：在三相四线电能表电压回路正常、三相负荷平衡情况下，可判定带负号的一相电流反接。

处理方法：1）检查客户是否正在使用电焊机等特殊性质负荷；

2）将三相四线电能表反接电流相的进出线交换。更正系数K=3。

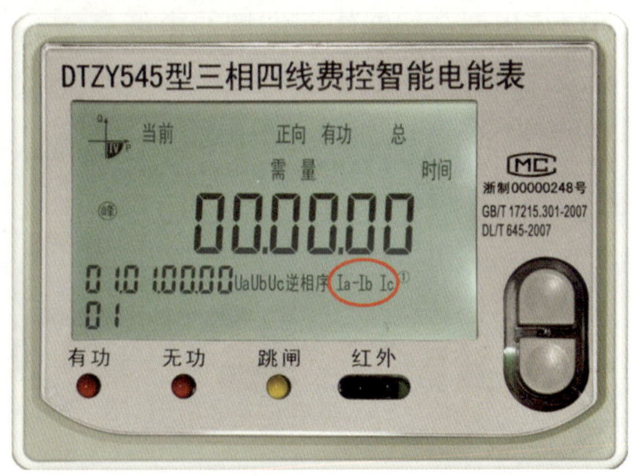

3. 三相四线电能表电压回路正常，二相电流反接

故障现象：1）电能表液晶显示二相电流为负，逆相序告警闪烁；

2）电能表显示电压正常，电流二相为负，有功总功率约等于$-UI\cos\varphi$。

常见原因：在三相四线电能表电压回路正常、三相负荷平衡情况下，可判定带负号的二相电流反接。

处理方法：将三相四线电能表反接二相电流相的进出线交换。更正系数K=−3。

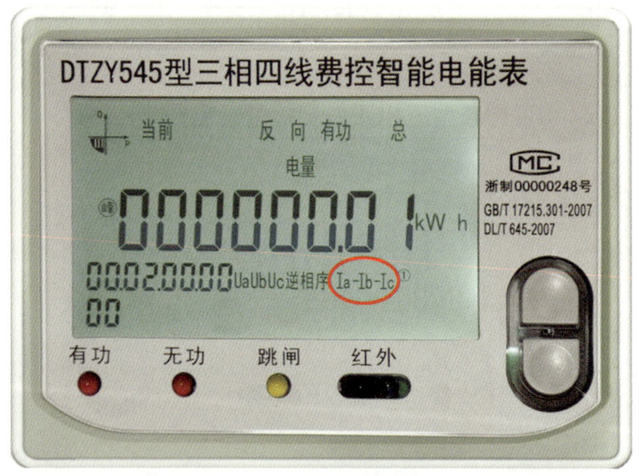

4. 三相四线电能表电流回路正常，电压回路有一相无电压

故障现象：1）电能表液晶显示电压少一相或闪烁；

2）电能表显示三相电流正常，电压一相约为0，有功总功率约等于$2UI\cos\varphi$。

常见原因：在三相四线电能表电流回路正常，三相负荷平衡情况下，可判定一相电压缺相。

处理方法：排除故障，更正系数K=1.5。

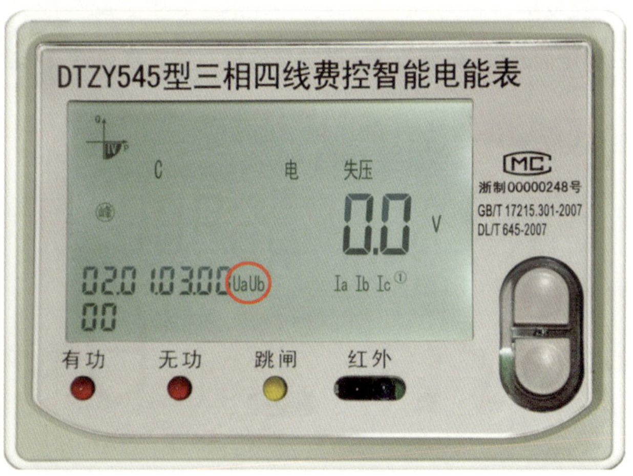

5. 三相三线电能表a相电流反接

故障现象：1）电能表液晶显示a相电流为负；

2）电能表按显电压正常，电流a相为负，有功总功率约等于$UI\sin\varphi$（注意：当φ>60度时，表计正常接线情况下，表计上有a相电流负号指示，为正确接线）。

常见原因：在三相三线电能表电流回路正常，三相负荷平衡，感性负载情况下，可判定三相三线电能表a相电流反接。

处理方法：将三相三线电能表a相电流的进出线进行交换。更正系数$K=\sqrt{3}\,\mathrm{ctan}\varphi$。

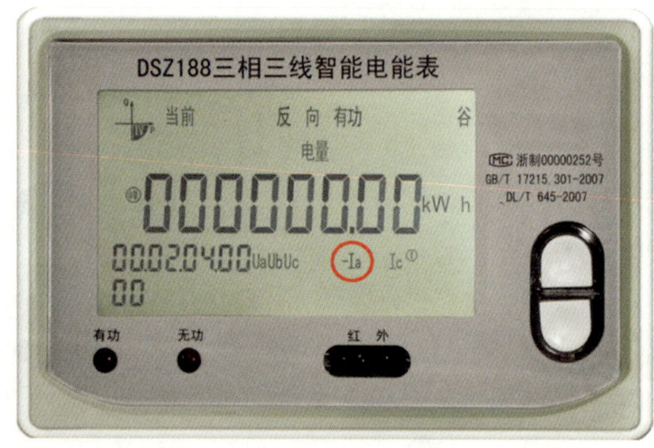

6. 三相三线电能表c相电流反接

故障现象：1）电能表液晶显示c相电流为负；

2）表计按钮显示，电压正常，电流c相为负，有功总功率约等于$-UI\sin\varphi$［注意：当$\varphi>60°$（容性）时，表计正常接线情况下，表计上有c相电流负号指示，为正确接线］。

常见原因：在三相三线电能表电压回路正常，三相负荷平衡，感性负载情况下，可判定三相三线电能表c相电流反接。

处理方法：将三相三线电能表c相电流的进出线进行交换。更正系数$K=-\sqrt{3}\,\mathrm{ctan}\varphi$。

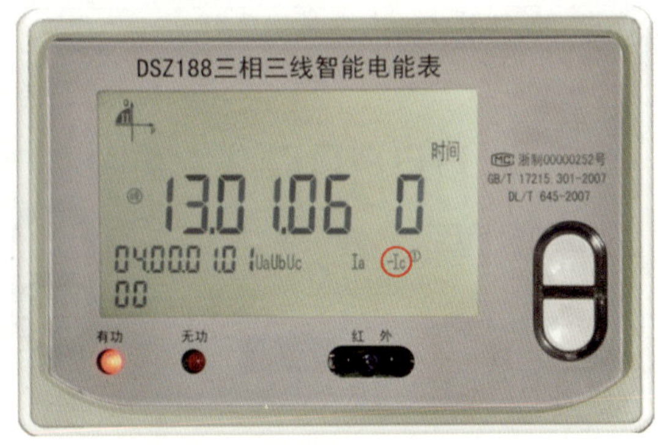

7. 三相三线电能表电流回路正常，电压回路a、c相互换

故障现象：1）电能表液晶显示a相电流为负，逆相序告警闪烁；

2）电能表按显，电压正常，电流a相为负，有功总功率约等于0。

常见原因：在三相三线电能表电压回路正常，三相负荷平衡，感性负载情况下，可判定三相三线电能表电压回路a、c相互换。

处理方法：将三相三线电能表a、c相电压进行交换。退补电量按实际负荷计算。

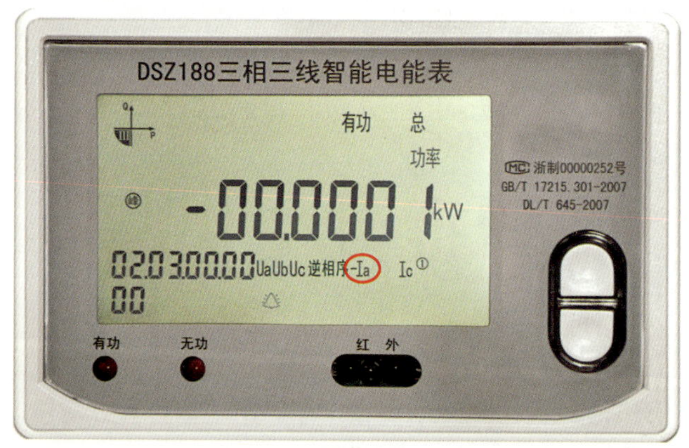

8. 三相三线电能表a相电压断

故障现象：1）电能表液晶电压U_a无显示或闪烁；

2）表计按钮显示，电流正常，a相电压为0或较正常值显著降低。

常见原因：一般情况下为高压互感器高压侧a相熔丝熔断引起。

处理方法：更换互感器高压侧a相熔丝，三相负荷平衡情况下更正系数$K=\dfrac{2\sqrt{3}}{\sqrt{3}+\tan\varphi}$。

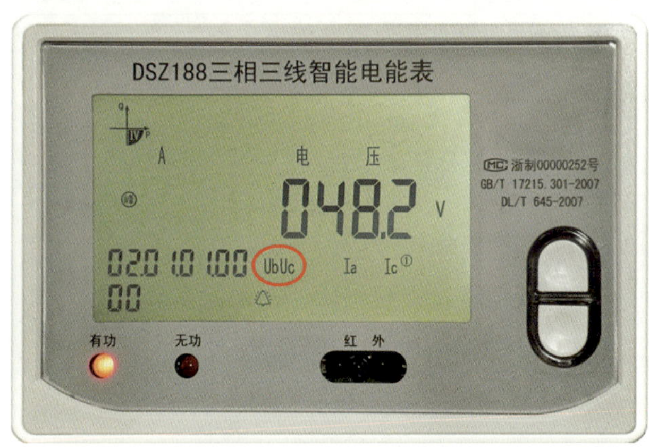

9. 三相三线电能表b相电压断

故障现象：1）电能表液晶电压U_b无显示或闪烁；

2）电能表按钮显示，电流正常，a、c相电压较正常值显著降低。

常见原因：一般情况下为高压互感器高压侧b相熔丝熔断引起。

处理方法：更换互感器高压侧b相熔丝，三相负荷平衡情况下更正系数K=2。

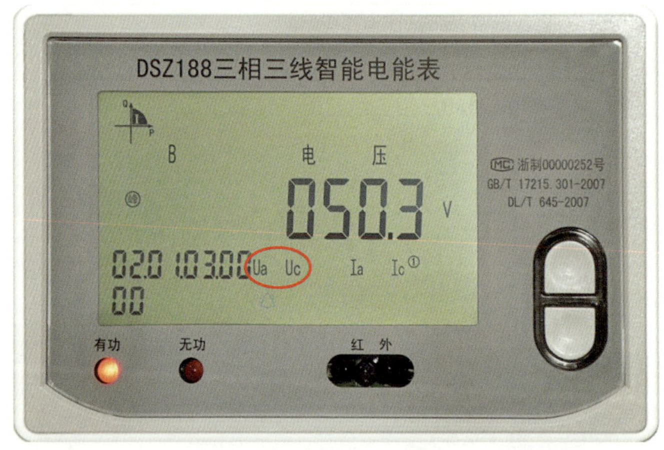

10. 三相三线电能表c相电压断

故障现象：1）电能表液晶电压U_c无显示或闪烁；

2）电能表按显电流正常，c相电压为0或较正常值显著降低。

常见原因：一般情况下为高压互感器高压侧c相熔丝熔断引起。

处理方法：更换互感器高压侧c相熔丝，三相负荷平衡情况下更正系数 $K=\dfrac{2\sqrt{3}}{\sqrt{3}-\tan\varphi}$。

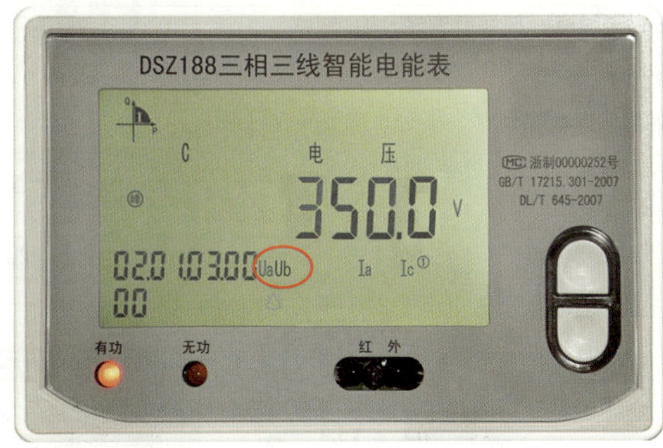

四 采集器常见故障

1. 信号灯、在线灯均不亮

常见原因：1）SIM卡未装、接触不良、失效；

2）采集器通信模块故障。

处理方法：1）检查SIM卡是否安装到位；

2）检查SIM卡触点，并重新安装；

3）更换SIM卡；

4）更换采集器通信模块。

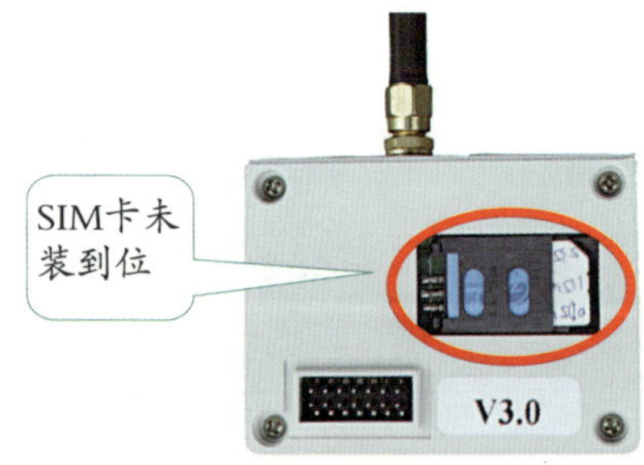

2. 在线灯不亮，信号灯有显示

常见原因：1）SIM卡未开通；

2）周边环境GPRS信号无（弱）。

处理方法：1）查看周边环境，采取加强信号措施；

2）重启采集器；

3）检查并更换SIM卡。

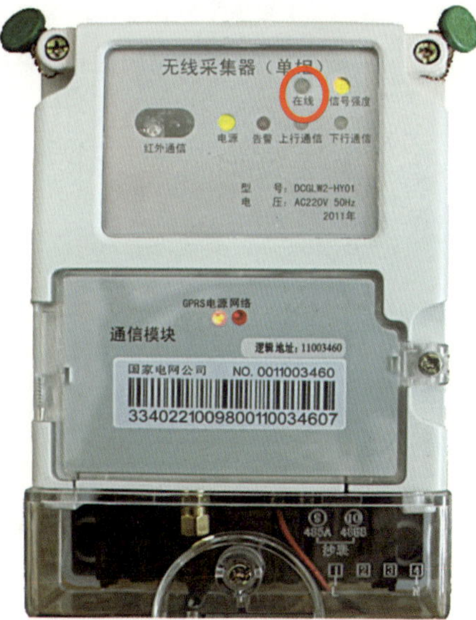

3. 在线灯亮，信号灯为红色或橙色

常见原因：通信信号弱。

处理方法：1）检查天线接触是否良好；

2）更换专频天线或加装有源天线；

3）将天线外移到信号较好的位置；

4）加强网络覆盖。

4. 下行通信灯常亮

常见原因：RS 485通信线短路。

处理方法：1）重新接线或更换485通信线；

2）更换相应故障电能表或采集器。

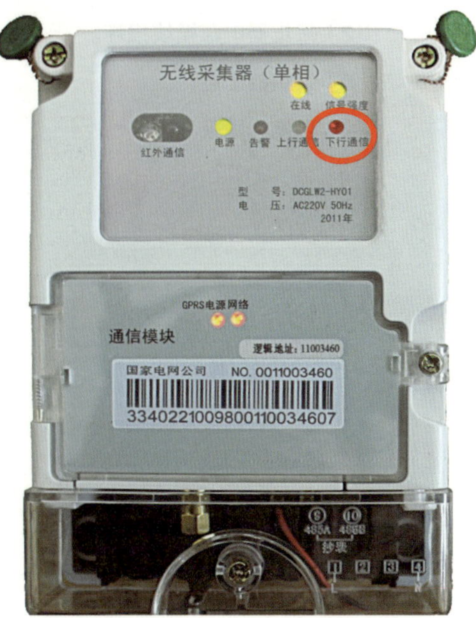

5. 所有指示灯都不亮

常见原因：1）采集器未上电；

2）采集器电源模块损坏。

处理方法：1）采集器上电；

2）更换故障采集器。

6. 采集器显示正常，与主站无通信

常见原因：1）采集器通信协议无效；

2）SIM卡IP地址捆绑无效；

3）死机。

处理方法：1）修改通信协议；

2）重新分配SIM卡IP地址；

3）重启或更换采集器。

7. 主站显示红色“24”（24小时无通信）

分析步骤：1）查询营销业务应用系统相关流程；

2）分析报文；

3）现场检查。

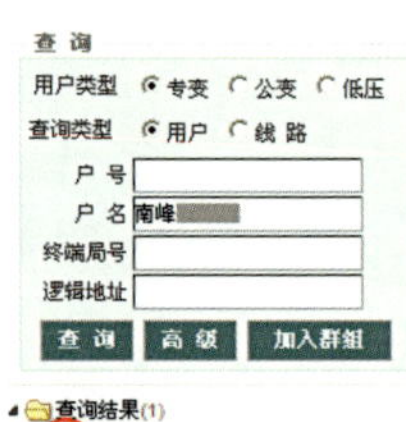

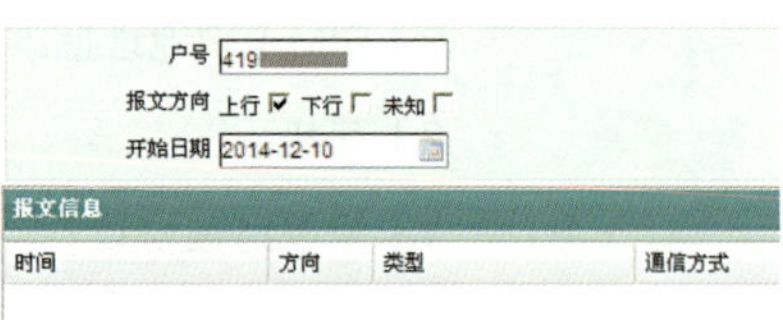

常见原因：1）采集设备无工作电源；

2）通信信号问题；

3）通信参数设置错误；

4）SIM卡故障；

5）采集设备故障。

处理方法：1）恢复进线电源；

2）增设外接天线或增强信号；

3）设置正确的通信参数；

4）检查SIM卡；

5）修复或更换采集设备。

8. 主站显示红色“T”

分析步骤：1）查询营销业务应用系统相关流程；

2）分析报文；

3）现场检查。

常见原因：外部电源失电。

处理方法：恢复进线电源。

9. 主站显示黄色“—”（待投）

分析步骤：1）对比营销业务应用系统流程状态和设备状态；

2）查询自动装接流程状态。

常见原因：1）采集系统自动装接流程未成功；

2）采集系统与营销业务应用系统接口失败。

处理方法：1）手动触发装接流程并根据流程结果判断是否需要现场处理；

2）手动同步营销业务应用系统设备档案。

10. 主站显示绿色“√”（运行），但上报数据失败

分析步骤：1）分析报文（无心跳报文则参见“24小时无通信故障”）；

2）分析任务报文。

常见原因：1）任务失效；

2）测量点通信参数错误；

3）485接线故障；

4）设备时钟错误。

处理方法：1）正确重投任务；

2）下发正确测量点通信参数；

3）现场处理485接线故障；

4）终端对时或更换时钟错误电能表。

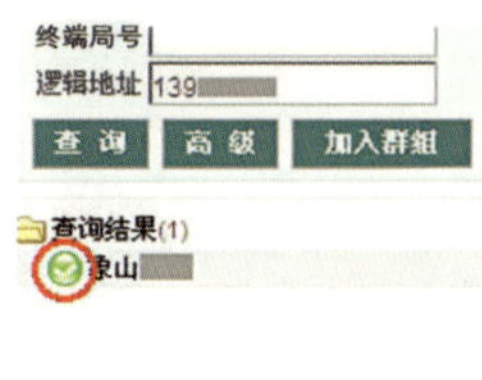

查询结果:【符号“←”含义为参见左列】

日期	局号(终端/表计)	正向有功总(kWh)	←尖	←峰	←平	←谷
2014-12-12	33101(表计)					
2014-12-11	33101(表计)	287.72	61.62	159.62	0	66.47
2014-12-10	33101(表计)	287.23	61.52	159.4	0	66.3
2014-12-09	33101(表计)	286.83	61.45	159.2	0	66.17
2014-12-08	33101(表计)	286.36	61.36	158.93	0	66.05
2014-12-07	33101(表计)	285.8	61.23	158.62	0	65.94

Part 6

应急处理篇 >>

应急处理篇用于支持装表接电（检验）人员在处理日常作业过程中遇到的较为典型的各类问题与情况，旨在提高装表接电人员应对服务事件的能力与现场响应速度，保障装表接电人员在各类情形下的服务质量与人身安全，预防或最大程度减轻各类事件带来的影响和危害。

本篇分为典型问题应对处理与现场急救处理两大部分。现场典型问题应对处理列举了装表接电人员在日常工作中发生频率较高的16种典型问题，提供相应处理步骤与方法。现场急救处理集合了心肺复苏、触电急救、中暑急救、动物咬伤与人身损伤急救5种现场急救处理方法，为装表接电人员日常工作中的突发情况与紧急事件处理提供了参考依据。

典型问题应对处理

（一）现场检验比对不合格的应对处理

应急处理步骤	关键点控制
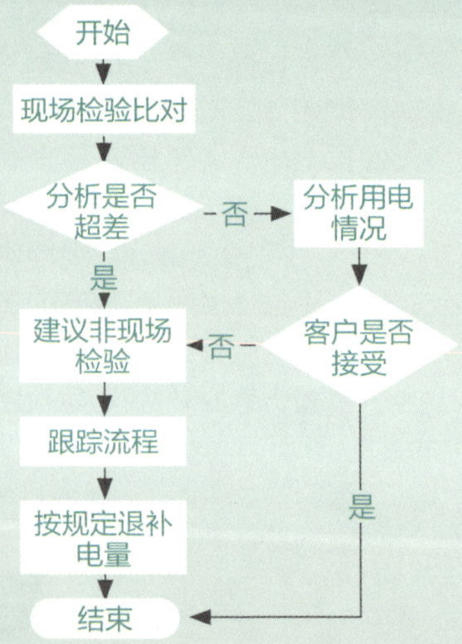 开始 → 现场检验比对 → 分析是否超差 —否→ 分析用电情况 → 客户是否接受 —否→ 建议非现场检验；客户是否接受 —是→ 结束 分析是否超差 —是→ 建议非现场检验 → 跟踪流程 → 按规定退补电量 → 结束	现场检验比对：现场检验比对要求客户在场，可向客户介绍检验原理，并说明按计量工作标准规定此测试结果仅供分析，不可作为最终表计误差结论。 分析结果：如检验结果超差，不能直接得出结论，说明该种情况应将表计拆下到供电企业计量中心检验；如客户要求到技术监督局检定，应给予配合，并按照检定结果进行电量退补处理。如果检验结果在误差范围之内的，对客户用电情况进行具体分析，争取客户理解。如客户不能接受，建议客户进行非现场检验。 检验过程跟踪：如计量中心检定不合格，按照检定结果进行电量退补；如计量中心检定合格，向客户告知检定结果。如计量中心检定合格，而电能表计量与实际调查的用电情况有较大差距，原则上在履行一定的审批手续后按客户的实际用电设备和用电时间计算相应电量后进行退补。 检定结果处理：将电量退补情况告知客户。

（二）客户要求到技术监督局校表的应对处理

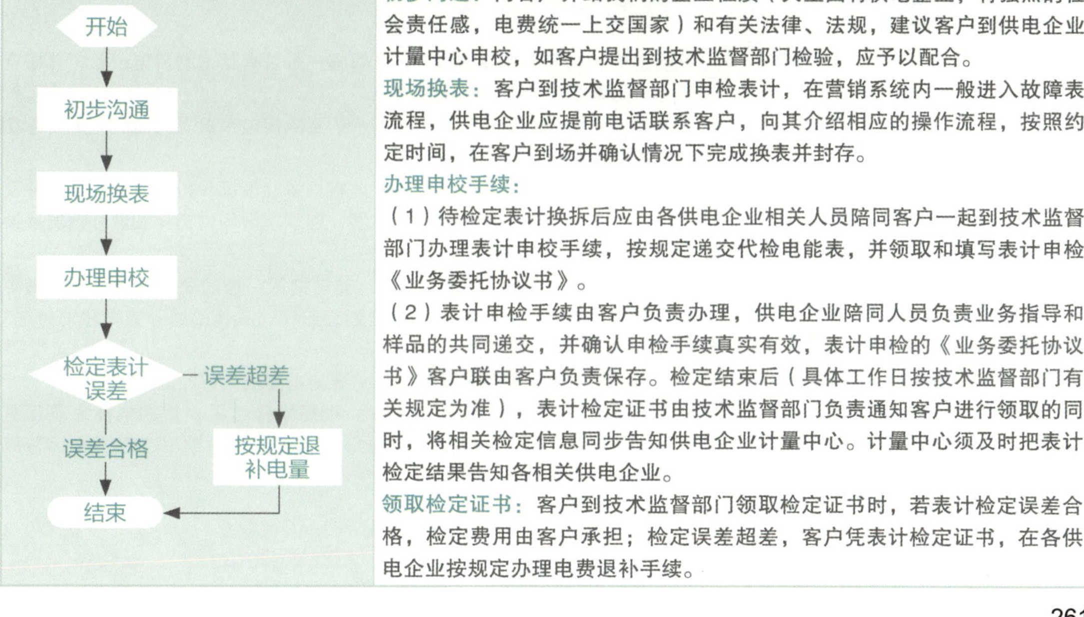

关键点控制

初步沟通：向客户介绍我们的企业性质（大型国有供电企业，有强烈的社会责任感，电费统一上交国家）和有关法律、法规，建议客户到供电企业计量中心申校，如客户提出到技术监督部门检验，应予以配合。

现场换表：客户到技术监督部门申检表计，在营销系统内一般进入故障表流程，供电企业应提前电话联系客户，向其介绍相应的操作流程，按照约定时间，在客户到场并确认情况下完成换表并封存。

办理申校手续：

（1）待检定表计换拆后应由各供电企业相关人员陪同客户一起到技术监督部门办理表计申校手续，按规定递交代检电能表，并领取和填写表计申检《业务委托协议书》。

（2）表计申检手续由客户负责办理，供电企业陪同人员负责业务指导和样品的共同递交，并确认申检手续真实有效，表计申检的《业务委托协议书》客户联由客户负责保存。检定结束后（具体工作日按技术监督部门有关规定为准），表计检定证书由技术监督部门负责通知客户进行领取的同时，将相关检定信息同步告知供电企业计量中心。计量中心须及时把表计检定结果告知各相关供电企业。

领取检定证书：客户到技术监督部门领取检定证书时，若表计检定误差合格，检定费用由客户承担；检定误差超差，客户凭表计检定证书，在各供电企业按规定办理电费退补手续。

（三）客户怀疑用电量异常而表计检验正常的应对处理

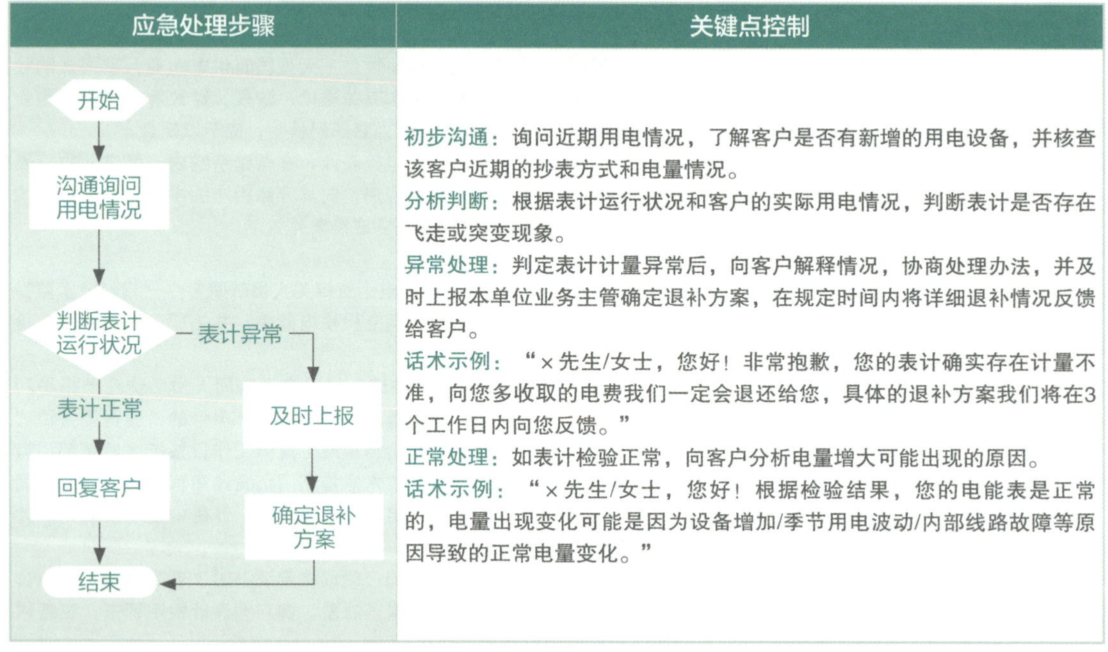

应急处理步骤	关键点控制
开始 沟通询问用电情况 判断表计运行状况 表计异常 及时上报 确定退补方案 表计正常 回复客户 结束	初步沟通：询问近期用电情况，了解客户是否有新增的用电设备，并核查该客户近期的抄表方式和电量情况。 分析判断：根据表计运行状况和客户的实际用电情况，判断表计是否存在飞走或突变现象。 异常处理：判定表计计量异常后，向客户解释情况，协商处理办法，并及时上报本单位业务主管确定退补方案，在规定时间内将详细退补情况反馈给客户。 话术示例：“×先生/女士，您好！非常抱歉，您的表计确实存在计量不准，向您多收取的电费我们一定会退还给您，具体的退补方案我们将在3个工作日内向您反馈。” 正常处理：如表计检验正常，向客户分析电量增大可能出现的原因。 话术示例：“×先生/女士，您好！根据检验结果，您的电能表是正常的，电量出现变化可能是因为设备增加/季节用电波动/内部线路故障等原因导致的正常电量变化。”

（四）峰谷表切换时间不准产生客户投诉的应对处理

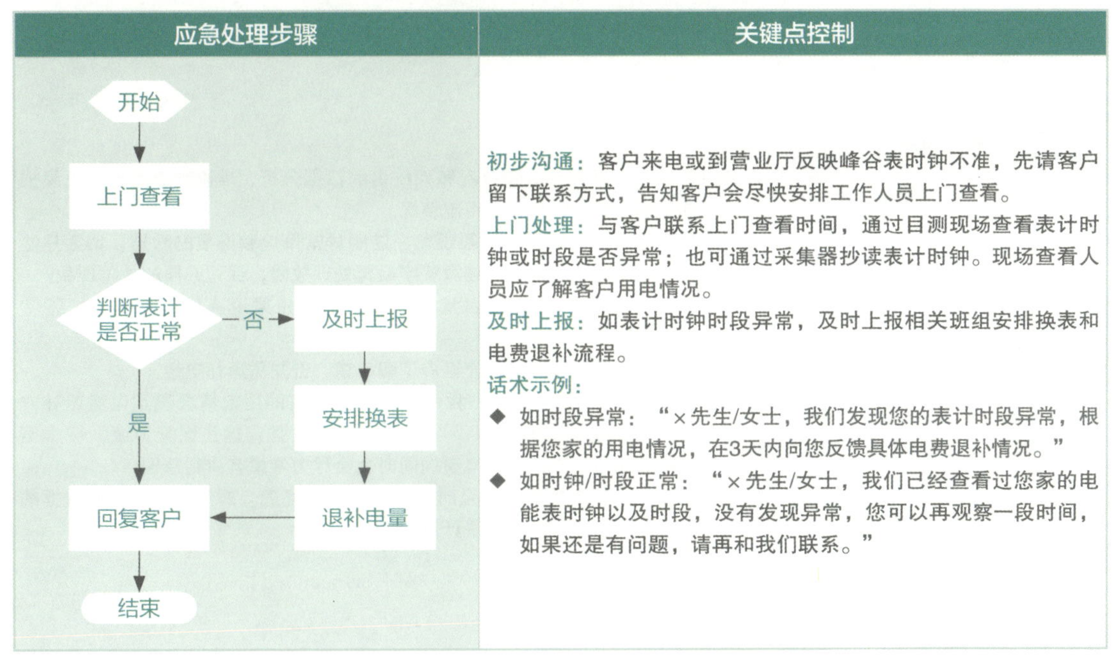

应急处理步骤	关键点控制
开始 上门查看 判断表计是否正常 否→及时上报→安排换表→退补电量→回复客户 是→回复客户 结束	**初步沟通：**客户来电或到营业厅反映峰谷表时钟不准，先请客户留下联系方式，告知客户会尽快安排工作人员上门查看。 **上门处理：**与客户联系上门查看时间，通过目测现场查看表计时钟或时段是否异常；也可通过采集器抄读表计时钟。现场查看人员应了解客户用电情况。 **及时上报：**如表计时钟时段异常，及时上报相关班组安排换表和电费退补流程。 **话术示例：** ◆ 如时段异常：“×先生/女士，我们发现您的表计时段异常，根据您家的用电情况，在3天内向您反馈具体电费退补情况。” ◆ 如时钟/时段正常：“×先生/女士，我们已经查看过您家的电能表时钟以及时段，没有发现异常，您可以再观察一段时间，如果还是有问题，请再和我们联系。”

（五）现场发现故障表计的应对处理

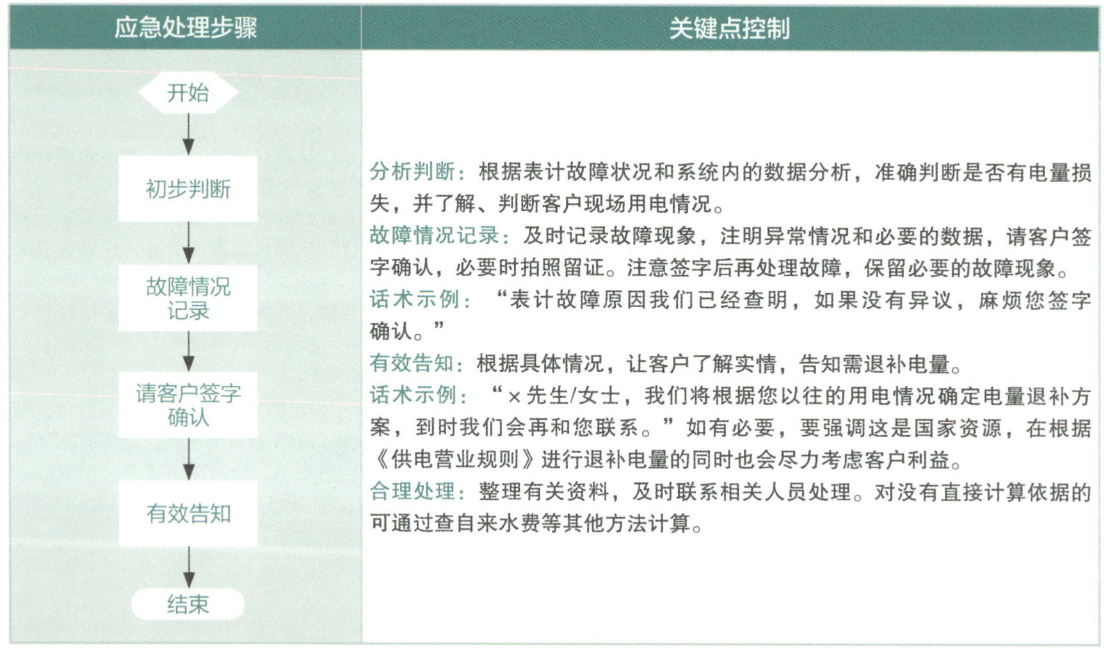

应急处理步骤	关键点控制
开始 ↓ 初步判断 ↓ 故障情况记录 ↓ 请客户签字确认 ↓ 有效告知 ↓ 结束	分析判断：根据表计故障状况和系统内的数据分析，准确判断是否有电量损失，并了解、判断客户现场用电情况。 故障情况记录：及时记录故障现象，注明异常情况和必要的数据，请客户签字确认，必要时拍照留证。注意签字后再处理故障，保留必要的故障现象。 话术示例："表计故障原因我们已经查明，如果没有异议，麻烦您签字确认。" 有效告知：根据具体情况，让客户了解实情，告知需退补电量。 话术示例："×先生/女士，我们将根据您以往的用电情况确定电量退补方案，到时我们会再和您联系。"如有必要，要强调这是国家资源，在根据《供电营业规则》进行退补电量的同时也会尽力考虑客户利益。 合理处理：整理有关资料，及时联系相关人员处理。对没有直接计算依据的可通过查自来水费等其他方法计算。

（六）客户网上发帖反映电能表走字快、电量大幅增加的应对处理

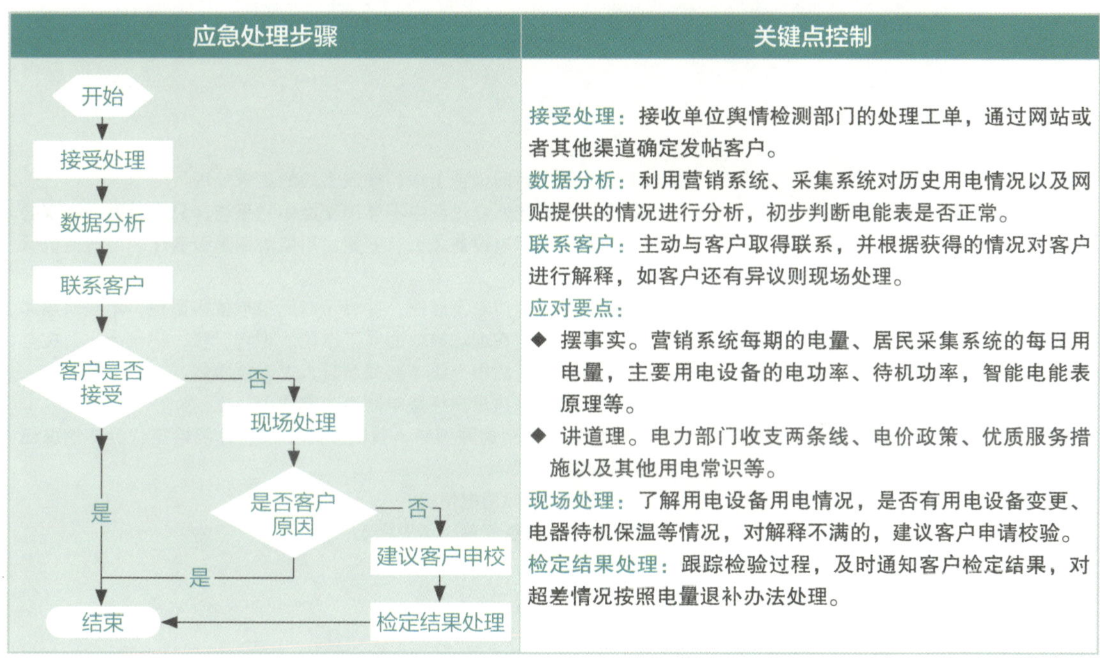

关键点控制

接受处理： 接收单位舆情检测部门的处理工单，通过网站或者其他渠道确定发帖客户。

数据分析： 利用营销系统、采集系统对历史用电情况以及网贴提供的情况进行分析，初步判断电能表是否正常。

联系客户： 主动与客户取得联系，并根据获得的情况对客户进行解释，如客户还有异议则现场处理。

应对要点：

◆ 摆事实。营销系统每期的电量、居民采集系统的每日用电量，主要用电设备的电功率、待机功率，智能电能表原理等。

◆ 讲道理。电力部门收支两条线、电价政策、优质服务措施以及其他用电常识等。

现场处理： 了解用电设备用电情况，是否有用电设备变更、电器待机保温等情况，对解释不满的，建议客户申请校验。

检定结果处理： 跟踪检验过程，及时通知客户检定结果，对超差情况按照电量退补办法处理。

（七）媒体介入电能表走字快、电量大幅增加的应对处理

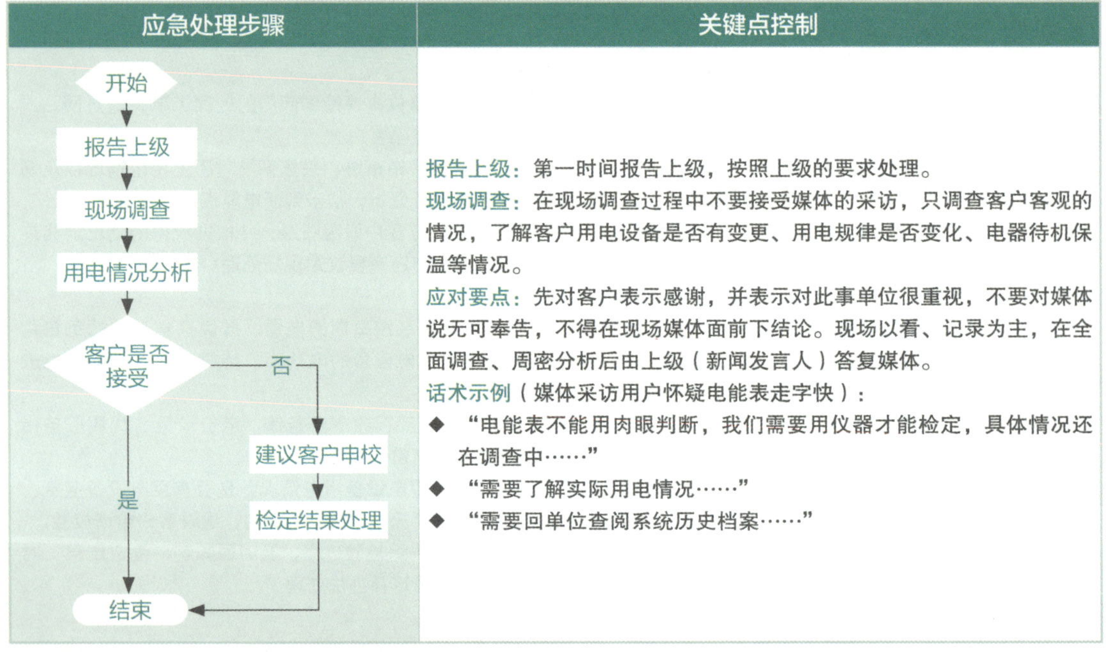

应急处理步骤	关键点控制
	报告上级：第一时间报告上级，按照上级的要求处理。 现场调查：在现场调查过程中不要接受媒体的采访，只调查客户客观的情况，了解客户用电设备是否有变更、用电规律是否变化、电器待机保温等情况。 应对要点：先对客户表示感谢，并表示对此事单位很重视，不要对媒体说无可奉告，不得在现场媒体面前下结论。现场以看、记录为主，在全面调查、周密分析后由上级（新闻发言人）答复媒体。 话术示例（媒体采访用户怀疑电能表走字快）： ◆ “电能表不能用肉眼判断，我们需要用仪器才能检定，具体情况还在调查中……” ◆ “需要了解实际用电情况……” ◆ “需要回单位查阅系统历史档案……”

（八）邻户阻挠表箱安装的应对处理

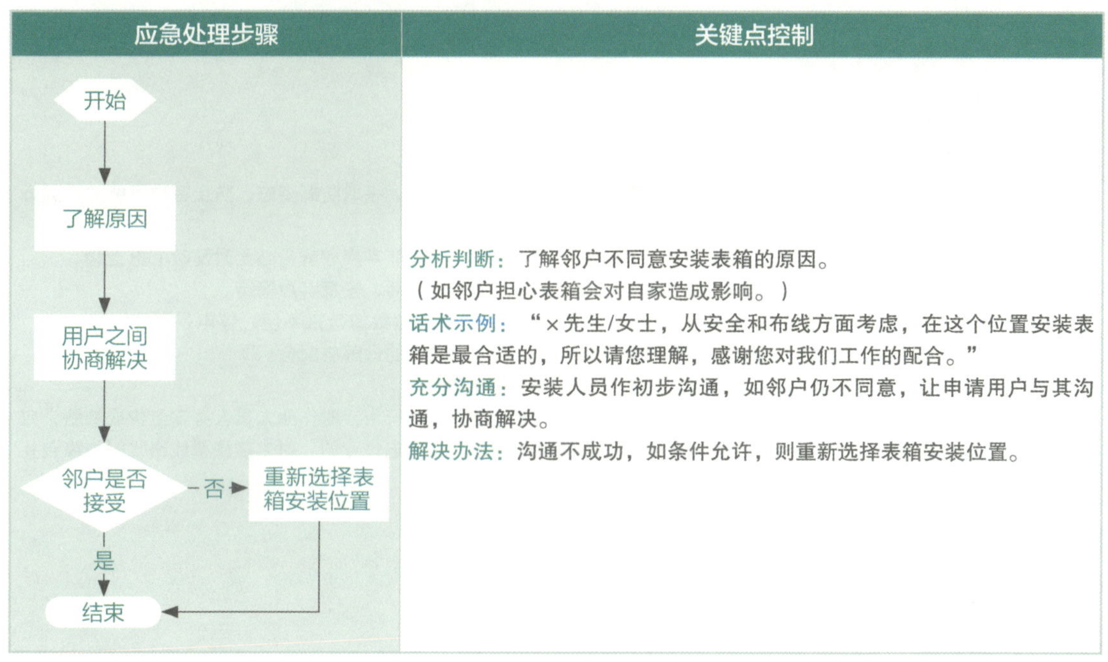

应急处理步骤	关键点控制
（流程图）	分析判断：了解邻户不同意安装表箱的原因。 （如邻户担心表箱会对自家造成影响。） 话术示例：“×先生/女士，从安全和布线方面考虑，在这个位置安装表箱是最合适的，所以请您理解，感谢您对我们工作的配合。” 充分沟通：安装人员作初步沟通，如邻户仍不同意，让申请用户与其沟通，协商解决。 解决办法：沟通不成功，如条件允许，则重新选择表箱安装位置。

（九）因作业停电，受影响客户到作业现场指责的应对处理

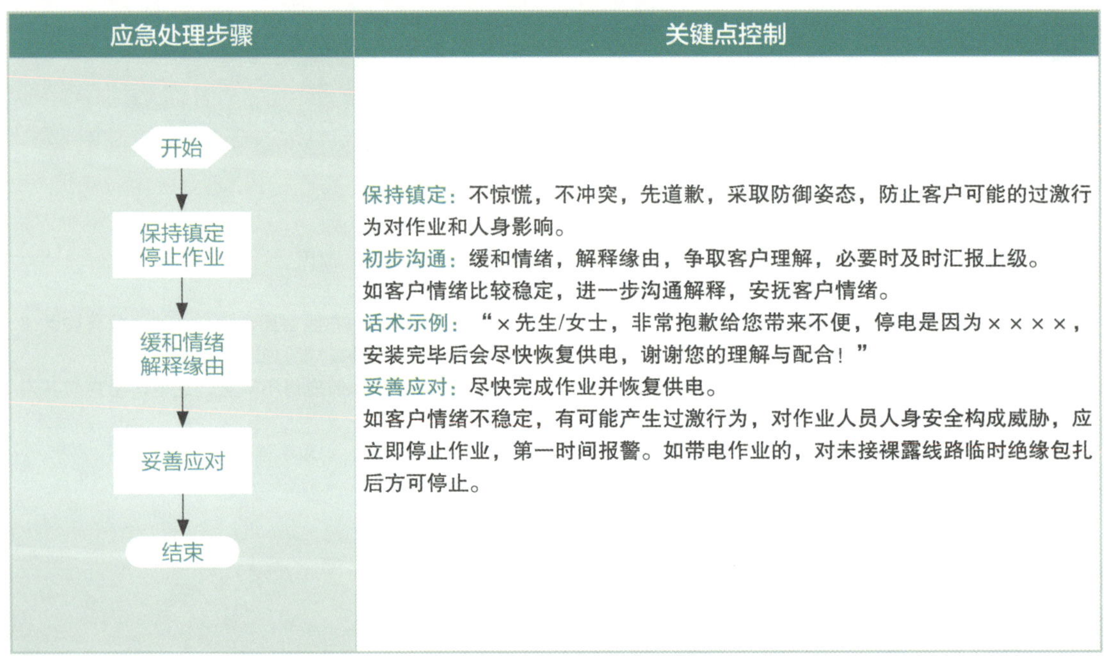

应急处理步骤	关键点控制
开始 ↓ 保持镇定 停止作业 ↓ 缓和情绪 解释缘由 ↓ 妥善应对 ↓ 结束	保持镇定：不惊慌，不冲突，先道歉，采取防御姿态，防止客户可能的过激行为对作业和人身影响。 初步沟通：缓和情绪，解释缘由，争取客户理解，必要时及时汇报上级。 如客户情绪比较稳定，进一步沟通解释，安抚客户情绪。 话术示例：“×先生/女士，非常抱歉给您带来不便，停电是因为××××，安装完毕后会尽快恢复供电，谢谢您的理解与配合！” 妥善应对：尽快完成作业并恢复供电。 如客户情绪不稳定，有可能产生过激行为，对作业人员人身安全构成威胁，应立即停止作业，第一时间报警。如带电作业的，对未接裸露线路临时绝缘包扎后方可停止。

（十）作业造成长时间停电，导致客户损失的应对处理

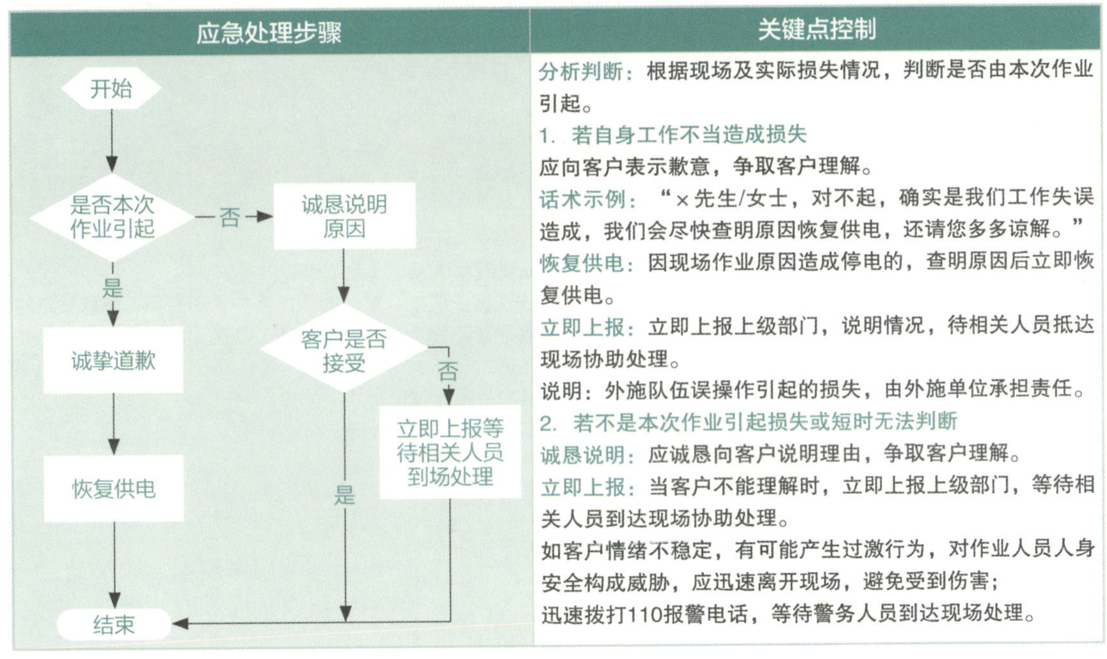

关键点控制

分析判断：根据现场及实际损失情况，判断是否由本次作业引起。

1. 若自身工作不当造成损失

应向客户表示歉意，争取客户理解。

话术示例：“×先生/女士，对不起，确实是我们工作失误造成，我们会尽快查明原因恢复供电，还请您多多谅解。”

恢复供电：因现场作业原因造成停电的，查明原因后立即恢复供电。

立即上报：立即上报上级部门，说明情况，待相关人员抵达现场协助处理。

说明：外施队伍误操作引起的损失，由外施单位承担责任。

2. 若不是本次作业引起损失或短时无法判断

诚恳说明：应诚恳向客户说明理由，争取客户理解。

立即上报：当客户不能理解时，立即上报上级部门，等待相关人员到达现场协助处理。

如客户情绪不稳定，有可能产生过激行为，对作业人员人身安全构成威胁，应迅速离开现场，避免受到伤害；

迅速拨打110报警电话，等待警务人员到达现场处理。

（十一）上门处理投诉，客户对处理结果不满意的应对处理

应急处理步骤	关键点控制
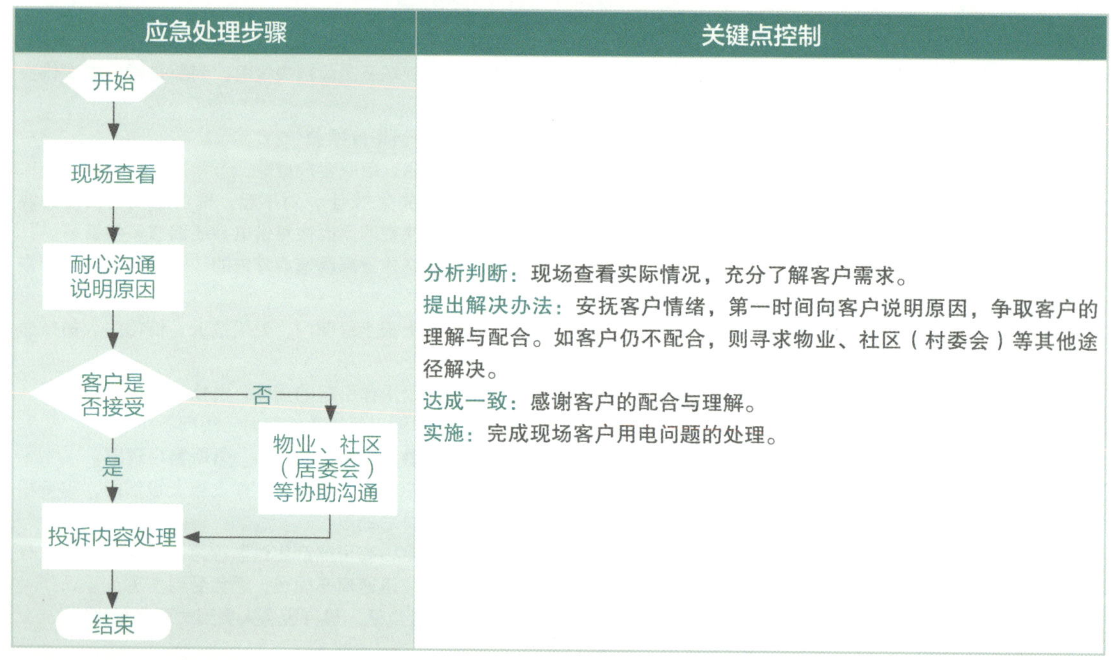	分析判断：现场查看实际情况，充分了解客户需求。 提出解决办法：安抚客户情绪，第一时间向客户说明原因，争取客户的理解与配合。如客户仍不配合，则寻求物业、社区（村委会）等其他途径解决。 达成一致：感谢客户的配合与理解。 实施：完成现场客户用电问题的处理。

（十二）居民用户拆表时客户不在场，对表计止度有异议的应对处理

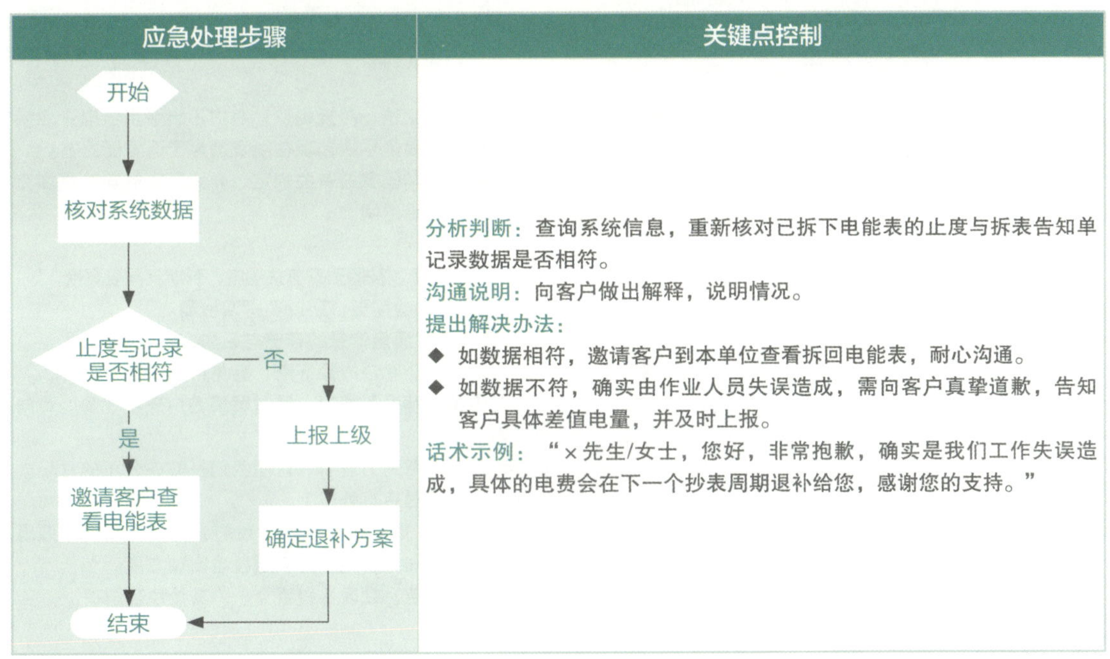

应急处理步骤	关键点控制
	分析判断：查询系统信息，重新核对已拆下电能表的止度与拆表告知单记录数据是否相符。 沟通说明：向客户做出解释，说明情况。 提出解决办法： ◆ 如数据相符，邀请客户到本单位查看拆回电能表，耐心沟通。 ◆ 如数据不符，确实由作业人员失误造成，需向客户真挚道歉，告知客户具体差值电量，并及时上报。 话术示例：“×先生/女士，您好，非常抱歉，确实是我们工作失误造成，具体的电费会在下一个抄表周期退补给您，感谢您的支持。”

（十三）客户阻挠换表的应对处理

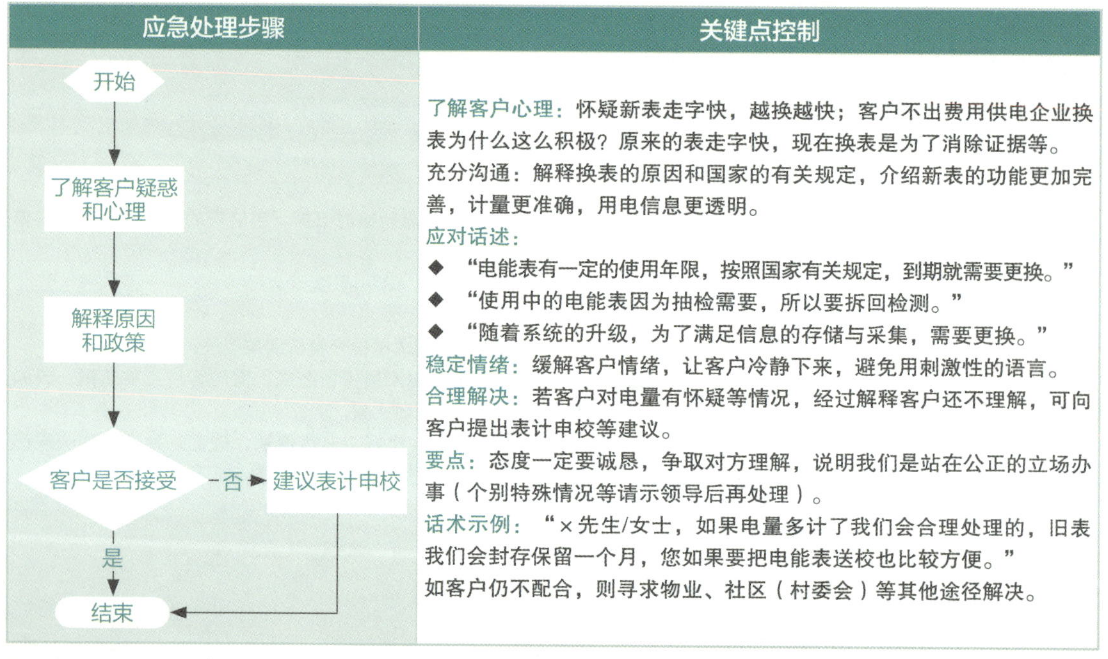

应急处理步骤	关键点控制
（流程图，见上）	了解客户心理：怀疑新表走字快，越换越快；客户不出费用供电企业换表为什么这么积极？原来的表走字快，现在换表是为了消除证据等。 充分沟通：解释换表的原因和国家的有关规定，介绍新表的功能更加完善，计量更准确，用电信息更透明。 应对话述： ◆ “电能表有一定的使用年限，按照国家有关规定，到期就需要更换。” ◆ “使用中的电能表因为抽检需要，所以要拆回检测。” ◆ “随着系统的升级，为了满足信息的存储与采集，需要更换。” 稳定情绪：缓解客户情绪，让客户冷静下来，避免用刺激性的语言。 合理解决：若客户对电量有怀疑等情况，经过解释客户还不理解，可向客户提出表计申校等建议。 要点：态度一定要诚恳，争取对方理解，说明我们是站在公正的立场办事（个别特殊情况等请示领导后再处理）。 话术示例：“×先生/女士，如果电量多计了我们会合理处理的，旧表我们会封存保留一个月，您如果要把电能表送校也比较方便。” 如客户仍不配合，则寻求物业、社区（村委会）等其他途径解决。

（十四）总表与客户分表电量有差异时的应对处理

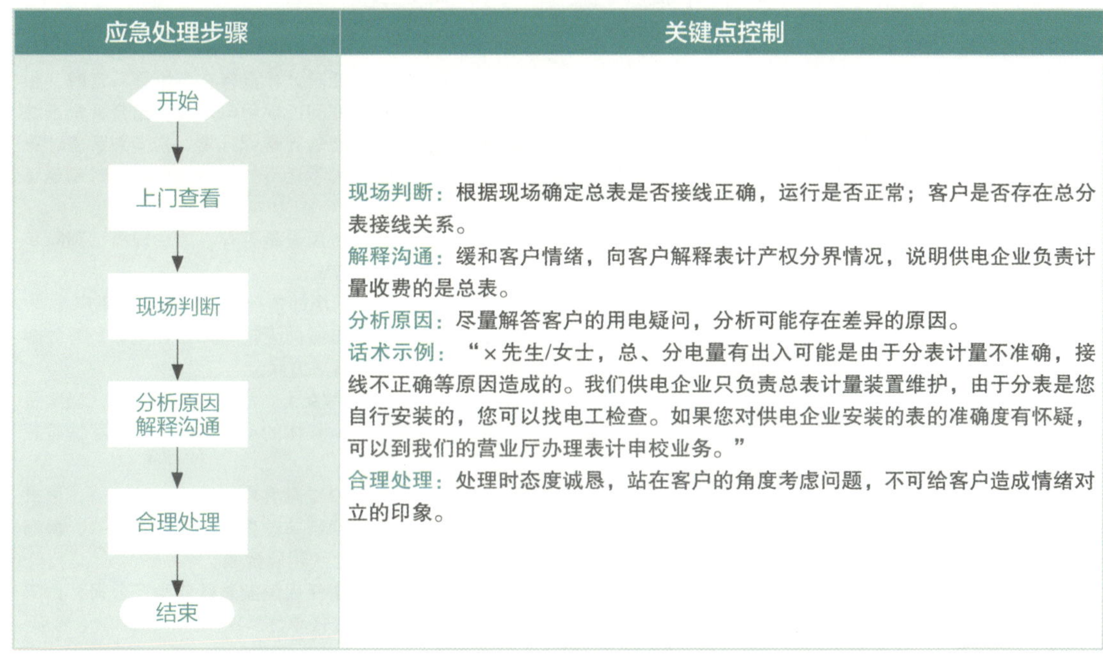

应急处理步骤	关键点控制
开始 → 上门查看 → 现场判断 → 分析原因 解释沟通 → 合理处理 → 结束	现场判断：根据现场确定总表是否接线正确，运行是否正常；客户是否存在总分表接线关系。 解释沟通：缓和客户情绪，向客户解释表计产权分界情况，说明供电企业负责计量收费的是总表。 分析原因：尽量解答客户的用电疑问，分析可能存在差异的原因。 话术示例：“×先生/女士，总、分电量有出入可能是由于分表计量不准确，接线不正确等原因造成的。我们供电企业只负责总表计量装置维护，由于分表是您自行安装的，您可以找电工检查。如果您对供电企业安装的表的准确度有怀疑，可以到我们的营业厅办理表计申校业务。” 合理处理：处理时态度诚恳，站在客户的角度考虑问题，不可给客户造成情绪对立的印象。

（十五）客户怀疑用电串户的应对处理

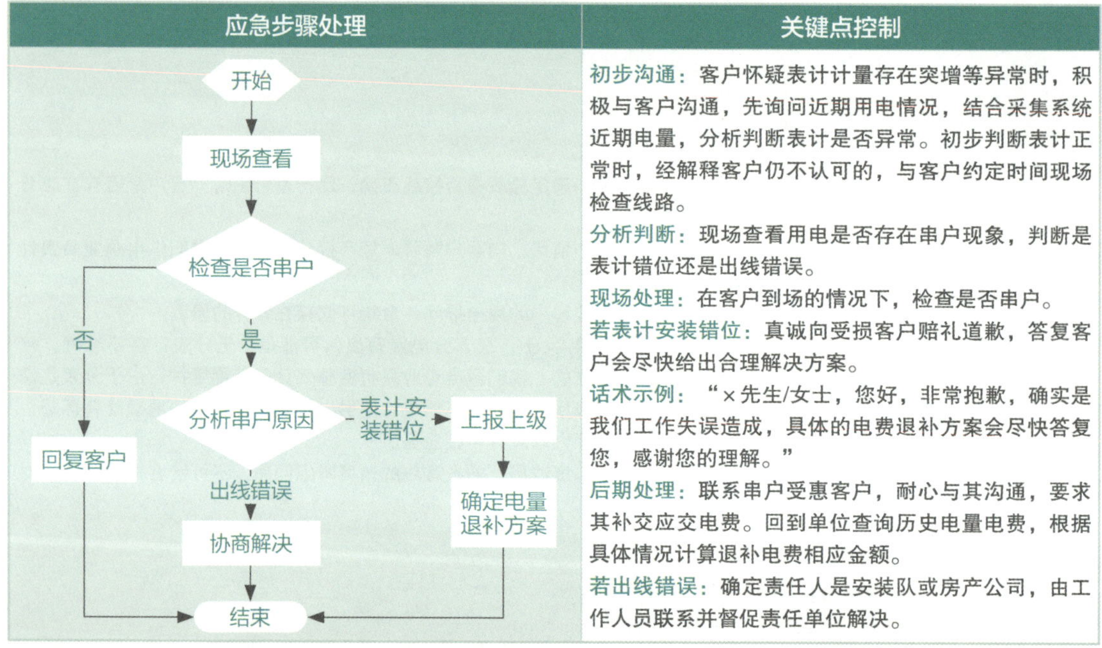

关键点控制

初步沟通：客户怀疑表计计量存在突增等异常时，积极与客户沟通，先询问近期用电情况，结合采集系统近期电量，分析判断表计是否异常。初步判断表计正常时，经解释客户仍不认可的，与客户约定时间现场检查线路。

分析判断：现场查看用电是否存在串户现象，判断是表计错位还是出线错误。

现场处理：在客户到场的情况下，检查是否串户。

若表计安装错位：真诚向受损客户赔礼道歉，答复客户会尽快给出合理解决方案。

话术示例：“×先生/女士，您好，非常抱歉，确实是我们工作失误造成，具体的电费退补方案会尽快答复您，感谢您的理解。”

后期处理：联系串户受惠客户，耐心与其沟通，要求其补交应交电费。回到单位查询历史电量电费，根据具体情况计算退补电费相应金额。

若出线错误：确定责任人是安装队或房产公司，由工作人员联系并督促责任单位解决。

（十六）作业时发现客户有窃电嫌疑的应对处理

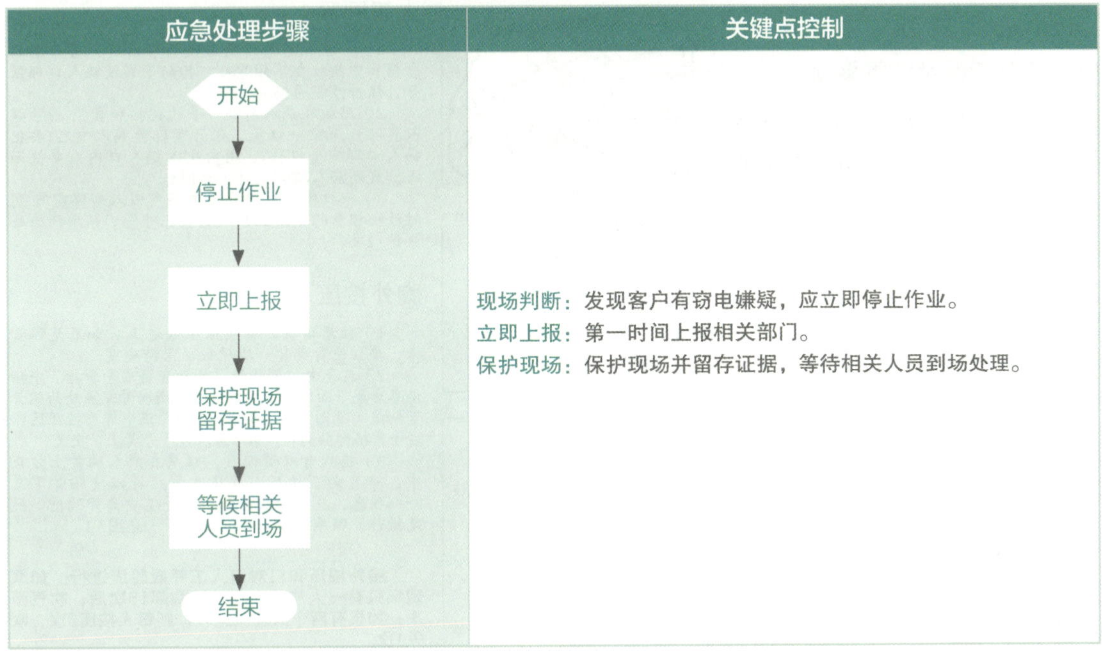

二 现场急救处理

（一）心肺复苏

心肺复苏步骤及注意事项:

◆吹气不宜过大，时间不宜过长，以免发生急性胃扩张。同时观察患者气道是否畅通，胸腔是否被吹起。

◆按压部位不宜过低，以免损伤肝、胃等内脏。压力要适宜，过轻不足于推动血液循环；过重会使胸骨骨折，带来气胸血胸。

◆胸外按压与人工呼吸轮流进行，直到医护人员到场或患者恢复自主呼吸和脉搏。

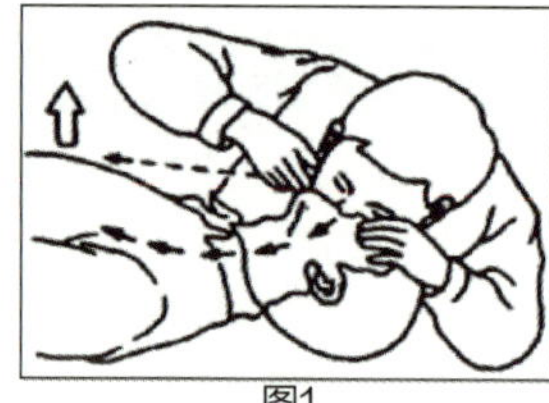
图1

图2

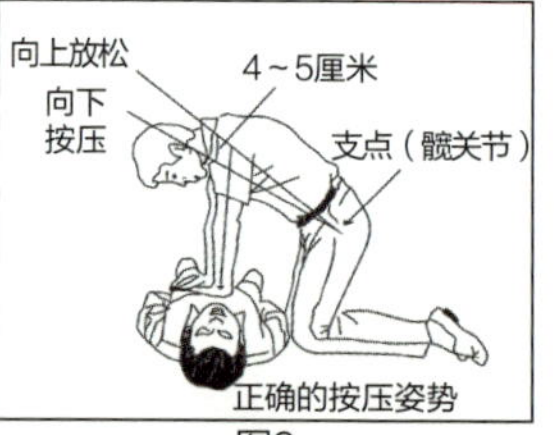

图3

人工呼吸

1）一手放在患者前额使头部后仰，另一手的食指和中指放在下颌骨处，抬起下颌使病人口部张开，保持呼吸通畅。

2）用放在病人前额一手的拇指和食指,捏紧病人鼻孔；深吸一口气，张开嘴贴紧病人嘴巴(要把病人口部完全包住)，用力吹入病人口内，要快而深，直到病人胸部上抬（见图1）。

3）一口气吹完毕后,立即换气吸入新鲜空气,同时放松捏鼻的手，让病人从鼻孔呼气。频率约为每分钟12次。

胸外按压

1）让患者仰卧在硬板床或地上。如果是弹簧床，要让他背部垫一块硬板，保持硬度。

2）在患者右侧施救，施救者将右手食指、中指沿患者最下面肋骨向中间滑移，两肋骨交点处为胸骨下切迹（见图2）。切迹上方胸骨正中部为按压区，左手掌根部贴胸骨，右手放在左手手背上，交叉。

3）抢救者双臂绷直，双肩在病人胸骨上方正中，垂直向下按压，按压力量应足以使胸骨下沉3～4厘米，压下后放松，但双手不要离开胸壁。反复操作，频率为80～100次/分钟（见图3）。

胸外按压和口对口人工呼吸轮流进行。如果现场只有一人施救，每按压胸部15次后，吹气两次；如果有两个人轮流施救，则每人按压5次，吹气1次。

（二）触电急救

首先使触电者迅速脱离电源，若触电者在杆上，应采取相应措施防止伤员脱离电源后自高处坠落。将伤员扶卧在自己的安全带上（或在适当地方躺平），保持伤员气道通畅，在送至地面前进行4次口对口（鼻）呼吸，然后用单人营救法或者双人营救法将伤员转移至地面急救。

对意识清醒的伤员，应使其就地平躺，严密观察其呼吸、脉搏等生命指标，暂时不要让其站立或者走动。

对神志不清的触电伤员，应将其就地仰面平躺，且确保其气道通畅，并用5秒时间，呼叫伤员或轻拍其肩部以确定伤员是否丧失意识，严禁晃动伤员头部!

如遇伤者呼吸、心跳停止，应立即用心肺复苏法现场急救伤员，并拨打120急救电话或直接送医院救治。

（三）现场中暑应急处理

搬移：迅速将患者抬到通风、阴凉、干爽的地方，使其平卧并解开衣扣，松开或脱去衣服，如衣服被汗水湿透应更换衣服。

降温：患者头部可捂上冷毛巾，用扇或电扇吹风，加速散热。

促醒：患者若已失去知觉，可指掐人中、合谷等穴，使其苏醒。若呼吸停止，应立即实施人工呼吸。

补水：患者仍有意识时，可给一些清凉饮料，在补充水分时，可加入少量盐或小苏打水。但千万不可急于补充大量水分，否则，会引起呕吐、腹痛、恶心等症状。

转送：对于重症中暑患者，必须立即送医院诊治。搬运患者时，应用担架运送，不可使患者步行，同时运送途中要注意，尽可能地用冰袋敷于患者额头、枕后、胸口、肘窝及大腿根部，积极进行物理降温，以保护大脑、心肺等重要脏器。

（四）咬伤应急处理

1. 被狗咬伤

若不慎被狗咬伤，首先要立即冲洗伤口，就地用大量清水充分的冲洗，有条件可用3%～5%肥皂水或醋，冲洗伤口要彻底，尽可能将伤口扩大，同时用力挤压伤口周围软组织，而且冲洗的水量要大，水流要急，以尽可能去除所有的狗唾液，时间应在半小时内为宜。其次伤口不可包扎。除了个别伤口大，又伤及血管需要止血外，一般不上任何药物，也不要包扎，因为狂犬病毒是厌氧的，在缺乏氧气的情况下，狂犬病病毒会大量生长。 伤口反复冲洗后，再送医院作进一步伤口冲洗处理（牢记到医院伤口还需要认真冲洗），接着应接种预防狂犬病疫苗。

2. 蜂蜇伤

被蜂蜇伤后，其毒针会留在皮肤内，必须用消毒针将叮在肉内的断刺剔出，然后用力掐住被蜇伤的部位，用嘴反复吸吮，以吸出毒素。如果身边暂时没有药物，可用肥皂水充分洗患处，然后再涂些食醋或柠檬汁。黄蜂有毒，但蜜蜂没有毒。被蜜蜂蜇伤后，也要先剔出断刺。在处置上与黄蜂不同的是，可在伤口涂些氨水、小苏打水或肥皂水。被蜂蜇伤20分钟后无症状者，可以放心。如果发生休克，在拨打“120”电话后或去医院的途中，要注意保持伤者的呼吸畅通，并进行人工呼吸、心脏按摩等急救处理。

3. 毒虫咬伤

蜈蚣咬伤：立即用5%～10%的小苏打水或肥皂水、石灰水冲洗，不可用碘酒；然后涂上较浓的碱水或3%的氨水。

毛虫蜇伤：可先用橡皮膏粘出毒毛，如有风疹，可先用酒精将皮肤擦干，然后涂上1%的氨水，如有水泡，不可因痒而用手去抓，可用烧过的针将水泡刺破，将血挤出，然后涂上1%的氨水。

毒虫叮咬：被毒虫叮咬后，如出现头痛、眩晕、呕吐、发热、昏迷等症状，应立即送往医院。

4. 毒蛇咬伤

保持冷静，尽可能记住蛇的特征，不可让伤者使用酒、咖啡、浓茶等兴奋性饮料，千万不可紧张乱跑奔走，这样只会加速毒液扩散。

立即缚扎，用止血带（或用软绳、毛巾、手帕或撕下的布条代替）缚于伤口近心端上5～10厘米处。

冲洗切开伤口，适当吸吮，在将伤口切开之前必须用生理盐水、双氧水、高锰酸钾水、蒸馏水或清水、冷开水清洗伤口，将伤口用消毒刀片切开成十字形，以吸吮器将毒血吸出，或反复压挤并冲洗。

扎缚时不可太紧，应可通过一指，其程度应以能阻止静脉和淋巴回流、不妨碍动脉流通为原则，每两小时放松一次即可（每次放松1分钟），如果伤处肿胀迅速扩大，要检查是否绑得太紧，绑的时间应缩短，放松时间应增多，以免组织坏死。

施救者宜避免直接以口吸出毒液，若口腔内有伤口可能引起中毒，万不得已要用口吸时，应先口服蛇药片，或将蛇药片用清水溶成糊状涂在创口四周，并在吸时随时漱口。

除非肯定是无毒蛇咬伤，否则均应视作毒蛇咬伤，并送至有血清的医疗单位进一步治疗。

（五）人身损伤

1. 开放性出血创伤

1）小的创口出血：先用生理盐水冲洗消毒患部，然后覆盖纱布用绷带扎紧包扎，取一小棒子穿在带子外侧绞紧，将绞紧后的小棒插在活结小圈内固定。

2）头顶部出血：在伤侧耳前，对准下颌耳屏上前方1.5厘米处，用拇指压迫浅动脉。

3）头颈部出血：四个手指并拢对准颈部胸锁乳突肌中段内侧，将颈总动脉压向颈椎，注意不能同时压迫两侧颈总动脉，以免造成脑缺血坏死。

4）上臂出血：一手抬高患肢，另一手四个手指对准上臂中段内侧压迫肱动脉。

5）手掌出血：将患肢抬高，用两手拇指分别压迫手腕的尺、桡动脉。

6）大腿出血：在腹股沟中稍下方，用双手拇指向后用力压股动脉。

7）足部出血：用两手拇指分别压迫足背动脉和内踝与跟腱之间的颈后动脉。

8）前臂或小腿出血：可在肘窝、膝窝内放纱布垫、棉花团或毛巾、衣服等物品，屈曲关节，用三角巾作8字形固定。

2. 骨折

如有出血，应先立即止血，然后包扎固定；就地取材，用树枝、木棍、木板等固定骨折位置，以免进一步损伤，严禁复位；固定时，在关节和骨头突起部位或间隙要加垫保护；固定四肢时，应将指（趾）端露出，及时观察肢体血液循环，当出现青紫、膨胀等现象，应立即松绑，重新包扎固定；脊柱骨折病人必须用三四根皮带或绷带固定在木板才可搬运；现场严禁把暴露在伤口外的骨折断端放回到伤口内。

3. 电弧灼伤

电弧灼伤一般分为三度：一度，灼伤部位轻度变红，表皮受伤；二度，皮肤大面积烫伤，烫伤部位出现水泡；三度，肌肉组织深度灼伤，皮下组织坏死，皮肤烧焦。

1）当触电者的皮肤严重灼伤时，必须先将其身上的衣服和鞋袜特别小心地脱下，最好用剪刀一块块剪下。由于灼伤部位一般都很脏，容易化脓溃烂，长期不能治愈，所以救护人员的手不得接触触电者的灼部位，不得在灼伤部位上涂抹油膏、油脂或其他护肤油。

2）灼伤的皮肤表面必须包扎好。包扎时如同包扎其他伤口一样，应在灼伤部位覆盖消毒的无菌纱布或消毒的洁净亚麻布。包扎前即不得刺破水泡，也不得随便擦去粘在灼伤部位的烧焦衣服碎片，如果需要除去，则应使用锋利的剪刀剪下。对灼伤者进行急救后，应立即将其送往医院治疗。